高等职业院校“十三五”规划教材

电工实训项目教程

杨丽丽 主编　钱水明 王华力 副主编

Electrician Training Project Tutorial

人 民 邮 电 出 版 社
北 京

图书在版编目（CIP）数据

电工实训项目教程 / 杨丽丽主编. -- 北京 : 人民邮电出版社, 2016.2（2023.1重印）
高等职业院校“十三五”规划教材
ISBN 978-7-115-41554-7

Ⅰ. ①电… Ⅱ. ①杨… Ⅲ. ①电工技术－高等职业教育－教材 Ⅳ. ①TM

中国版本图书馆CIP数据核字(2016)第015923号

内 容 提 要

本书以培养学生的电工基本操作技能为核心，以理实结合，“必需、够用”，服务专业为原则，按照电工课程理论知识由浅入深的结构层次进行编写。

本书以若干独立项目为载体，将电工理论的具体应用体现在每个实训项目的操作任务中，讲解安全用电知识以及常用电工工具和仪表的使用、常用电工材料识别、导线连接安装技能等电工基本技能。本书还以实用性独立项目为载体，对低压配电、三相异步电机控制等知识进行梳理。学生通过学习，应能较全面地掌握电工基础，熟知知识的具体应用，为专业课程的学习奠定基础。

本书适合普通高等职业院校、中专类院校电工专业类学生学习。书中部分实训项目参考了浙江省特种作业人员安全技术培训统一教材《电工作业》相关知识和技术标准，可作为电工上岗证初训人员的参考教材和电工上岗证复训人员复习实训教材。

◆ 主　　编　杨丽丽
副 主 编　钱水明　王华力
责任编辑　刘　佳
责任印制　杨林杰

◆ 人民邮电出版社出版发行　　北京市丰台区成寿寺路 11 号
邮编　100164　　电子邮件　315@ptpress.com.cn
网址　http://www.ptpress.com.cn
北京九州迅驰传媒文化有限公司印刷

◆ 开本：787×1092　1/16
印张：8　　2016 年 2 月第 1 版
字数：200 千字　　2023 年 1 月北京第 13 次印刷

定价：22.00 元

读者服务热线：(010)81055256　印装质量热线：(010)81055316
反盗版热线：(010)81055315

高职电工实训是一门理实并重的专业基础课，承担着服务专业、培养学生实践能力的任务。本书以训练读者电工基础技能为目的，以理实结合，“必需、够用”，服务专业为原则，按照循序渐进的思路将安全用电和消防知识以及常用电工工具和仪表的使用、常用电工材料识别、导线连接安装技能等电工基础技能进行了贯穿，并以实用性独立项目为载体，对低压配电、三相异步电机控制等知识进行梳理。

本书以实际项目为导向，采用理实一体化教学模式组织内容。每个项目实施过程分四步进行：第一步分析实训项目，明确项目目标，分解项目任务，罗列完成项目所必须具备的相关知识，分析得出完成项目所需工具、仪表、耗材；第二步分任务完成项目，分析各分任务的完成顺序，明确分任务必须具备的知识，必须用到的工具、仪表、耗材，分析所用知识及原理，介绍各类新电工工具、新仪表使用方法，注解所用耗材的行业标准等；第三步任务集合、知识系统化总结，各项分任务完成，根据项目特点集合各分任务形成大项目，过程中对该项目所涉及知识进行系统总结，分析因操作失误可能会引起的一些故障现象及处理方式，注解项目实际应用，提出项目创新设计思路；第四步创新任务探讨，提出所学知识创新应用若干方向，读者根据各自爱好，利用课外时间尝试性完成。通过全书实训项目的训练，读者可以掌握电工基本技能，并为后续专业课程的学习打下基础。

本书的参考学时为 112 学时，建议采用理论实践一体化教学模式，各项目的参考学时见下面的学时分配表。

学时分配表

项　目	课 程 内 容	学　时
项目一	安全用电和消防知识	8～12
项目二	常用电工工具和仪表的使用	14～18
项目三	常用电工材料和导线的连接	14～18
项目四	室内照明电路的安装	16～20
项目五	低压配电箱的安装	18～22
项目六	三相异步电动机典型控制电路的设计与安装	18～22
课时总计		88～112

本书由杨丽丽老师任主编，钱水明、王华力两位老师任副主编。杨丽丽老师编写了项目一、项目四、项目五、项目六，并对全书进行了规划和统稿；钱水明老师编写了项目二，并对项目四、项目五、项目六的实训项目进行了校验；王华力老师编写了项目三。

由于编者水平和经验有限，书中难免有欠妥和错误之处，恳请读者批评指正。

编　者

2015 年 11 月

目
录
CONTENTS

实训项目1 安全用电和消防知识

项目任务：

- 掌握安全用电知识与触电急救方法。
- 熟练使用干粉灭火器进行灭火。
- 初步了解6S的企业管理相关知识。

项目实训目标：

- 掌握安全用电基本常识。
- 了解电流对人体的伤害并熟悉触电的类型。
- 掌握电气火灾消防基本常识。
- 树立安全文明生产意识，培养组织管理能力、团队合作能力，提高学生的自学能力。

实训任务1.1 触电急救

1.1.1 安全用电知识与触电急救方法

随着我国经济的迅速发展，电能的应用日益广泛。各种家用电器和办公自动化设备在给人们带来方便的同时，用电事故的频繁发生也给人们的生命财产带来极大的危害。只有了解安全用电常识，掌握安全用电的正确操作方法，才能在电器设备的安装和使用过程中有效地防止事故的发生。

1. 人身触电事故

电流会对人体造成多种伤害，如伤害呼吸、心脏和神经系统，使人体内部组织受到损害，乃至最后死亡。当电流经过人体时，人体会产生不同程度的刺痛和麻木感，并伴随不自觉的肌肉收缩。触电者会因肌肉收缩而紧握带电体，不能自主摆脱电源。此外，胸肌、膈肌和声门肌的强烈收缩会阻碍呼吸，甚至导致触电者窒息死亡。

2. 触电伤害种类

触电伤害主要分为电击和电伤两种。

（1）电击

电击是指电流通过人体，使人体组织受到损伤。当人遭到电击时，电流便通过人体内部，伤害人的心脏、肺部、神经系统等，严重电击会导致人死亡。电击是最危险的触电伤害，绝大部分触电死亡事故都是由电击造成的。

（2）电伤

电伤主要是指电对人体外部造成的局部伤害。电伤虽然一般不会致死，但能使人遭受痛苦，甚至造成失明、截肢等。电伤常常与电击同时发生。最常见的电伤有以下3种：电灼伤、电烙印和皮肤金属化。

电流流过人体时，会对人体内部造成的生理机能的伤害，称之为人身触电事故。电流对人体伤害的严重程度一般与通过人体电流的大小、时间、部位、频率和触电者的身体状况有关。流过人体的电流越大，危险越大；电流通过人体脑部和心脏时最为危险。工频电流危害要大于直流电流。不同电流对人体的影响见表 1-1。

表 1-1　　不同电流对人体的影响

电流/mA	通电时间	工频电流 人体反应	直流电流 人体反应
0～0.5	连续通电	无感觉	无感觉
0.5～5	连续通电	有麻刺感	无感觉
5～10	数分钟以内	痉挛、剧痛，但可摆脱电源	有针刺感、压迫感及灼热感
10～30	数分钟以内	迅速麻痹、呼吸困难、血压升高，不能摆脱电源	压痛、刺痛、灼热感强烈，并伴有抽筋
30～50	数秒钟到数分钟	心跳不规则、昏迷、强烈痉挛、心室开始颤动	感觉强烈，剧痛，并伴有抽筋
50 至数百	低于心脏搏动周期	受强烈冲击，但未发生心室颤动	剧痛、强烈痉挛、呼吸困难或麻痹
	高于心脏搏动周期	昏迷、心室颤动、呼吸困难、麻痹、心脏停搏	

0.7～1 mA 的电流流过成年人体时，便能够被感觉到，称之为感知电流。虽然感知电流一般不会对人体造成伤害，但是随着电流的增大，人体反应变得强烈。触电后能自行摆脱的最大电流称为摆脱电流。对于成年人而言，摆脱电流在 15 mA 以下，摆脱电流被认为是人体只在较短时间内可以忍受而一般不会造成危险的电流。在较短时间内会危及生命的最小电流称之为致命电流。当通过人体的电流达到 50 mA 以上时，则触电者会有生命危险。而一般情况下，30 mA 以下的电流通常在短时间内不会对人的生命造成危险，将其称为安全电流。

3. 人体触电方式

（1）单相触电

由于电线绝缘破损、导线金属部分外露、导线或电气设备受潮等原因，其绝缘部分的绝缘能力降低，导致站在地上的人体直接或间接地与火线接触，这时电流就通过人体流入大地，造成单相触电事故。单相触电如图 1-1 所示。

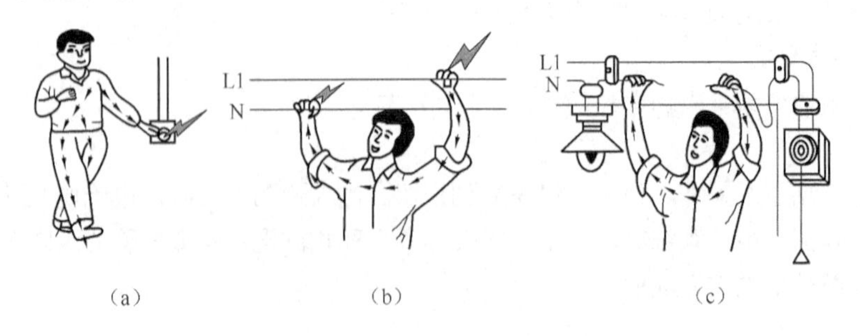

图 1-1　单相触电

（2）两相触电

两相触电是指人体同时触及两相电源或两相带电体，电流由一相经人体流入另一相。此时，加在人体上的最大电压为线电压，与单相触电和跨步电压触电相比，其危险性最大。两相触电如图 1-2 所示。

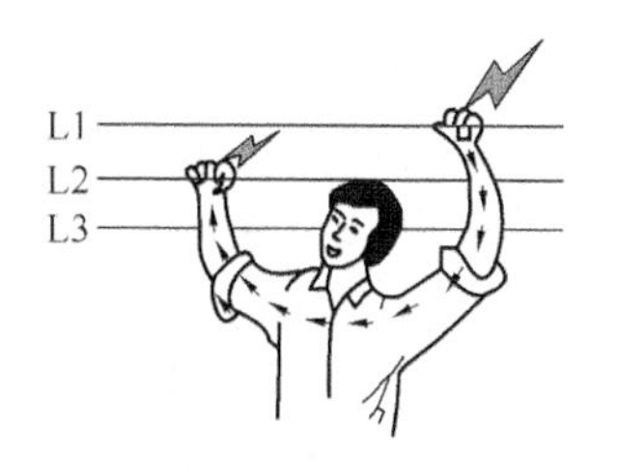

图 1-2 两相触电

（3）跨步电压触电

对于外壳接地的电气设备，当绝缘损坏而使外壳带电，或导线断落发生单相接地故障时，电流由设备外壳经接地线、接地体（或由断落导线经接地点）流入大地，向四周扩散。如果此时人站立在设备附近地面上，两脚之间也会承受一定的电压，称为跨步电压。跨步电压的大小与接地电流、土壤电阻率、设备接地电阻及人体位置有关。当接地电流较大时，跨步电压会超过允许值，发生人身触电事故。特别是在发生高压接地故障或雷击时，会产生很高的跨步电压，跨步电压触电也是危险性较大的一种触电方式。跨步电压触电如图 1-3 所示。

图 1-3 跨步电压触电

除以上 3 种触电形式外，还有感应电压触电、剩余电荷触电等，此处不做介绍。

4. 影响电流对人体伤害程度的因素

触电对人体的伤害程度与人体电阻、电流强度、电压、电流频率、电流持续时间、电流途径等因素有关。

（1）人体电阻

人体电阻因人而异，通常在 10～100 kΩ，触电面积越大，靠得越紧，电阻越小。因此在相同情况下，不同的人受到的触电伤害也不同。当人体触电时，流过人体的电流与人体的电阻有关，人体电阻越小，通过人体的电流就越大，也就越危险。

（2）电流强度

通过人体的电流强度越大，人体的生理反应会越明显，感觉会越强烈，引起心室颤动或窒息的时间越短，致使危险性越大，因而伤害也越严重。

（3）电压

当人体电阻一定时，触电电压越高，通过人体的电流越大，就越危险。

（4）电流频率

实践证明，直流电对血液有分解作用，而高频电流危害小于直流电。

（5）电流持续时间

电流持续的时间越长，由于人体发热出汗和电流对人体的电解作用，人体电阻会变得越小，通过人体的电流将变大，对人体组织的危害也越大。

（6）电流途径

电流通过心脏会引起心室颤动，较大的电流还会使心脏停止跳动。因此，通电的途径以从手到胸至脚最为危险。此外，电流通过中枢神经或有关部位会引起中枢神经系统失调，强烈时会造成窒息，甚至导致死亡。

5. 触电急救措施

（1）触电事故的特点

触电的情况多种多样，但从大量触电情况的统计分析中还是可以找出一些规律的。

触电事故多为低压交流触电，其中又以 250 V 以下的触电占大多数，380 V 的触电事故较少。高压触电事故主要为 3～6 KV 高压触电，10 KV 以上的基本没有。在低压触电事故中，触及正常时不应带电而意外带电的设备的触电事故又占较大比例，这类事故发生的原因主要是设备有缺陷、运行不合理、保护装置不完善等。

触电事故与季节有关，夏、秋两季发生较多，特别是 6～8 月。这主要是因为这个时期气候潮湿、雨多，降低了电气设备的绝缘性能；又因为天热，人体多汗，增加了触电的危险性。

（2）触电急救的基本原则

① 发现有人触电，救护者要保持头脑清醒，在分清高压或低压触电后，想办法让触电者脱离电源，这是救护触电者的关键和首要工作。

② 当触电者脱离电源后，救护者要正确地运用人工呼吸和心脏挤压法进行施救，这样才能保证救治的效果。

③ 对触电者的抢救切忌长途护送到医院或其他地方，以免延误抢救时间，影响救治效果，应在出事现场就地进行抢救。

④ 救治工作不能随意中途停止，救护者要有足够的耐心进行抢救。

⑤ 救护人员在抢救他人的时候要注意保护自己，不能在触电者未脱离电源之前用手去拉扯触电者。

⑥ 如果触电者在高处触电，在进行救护时，应采取必要的保护措施，防止触电者从高处跌落。

⑦ 如果是在夜间进行抢救，要准备好照明设备，以方便救护工作的进行。

（3）触电急救的方法

① 脱离电源

发生触电事故，首先要尽快切断电源。例如把距离最近的电源开关断开，或用有绝缘手柄的工具、干燥木棒等把电源移开。在触电者尚未脱离电源前，切不可直接与触电者接触，以免有人再触电，扩大触电事故。触电者就地脱离电源的方法如图 1-4 所示。

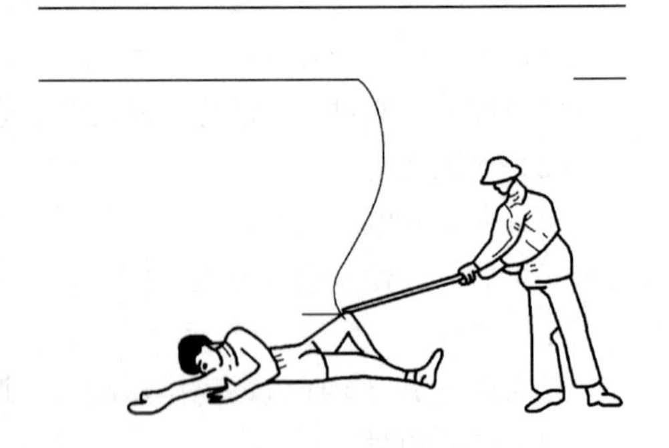

图 1-4　触电者就地脱离电源的方法

a．脱离低压电源

使触电者尽快脱离电源是抢救触电者的重要工作，也是实施其他急救措施的前提。解脱电源的具体方法如下。

如果电源开关或插销离触电地点很近，应迅速拉开开关或拔掉插销以切断电源。一般的电灯开关或拉线开关只控制单线，而且不一定是相线（火线），所以拉开这种开关不保险，还应拉开前一级的闸刀开关。如果开关离触电地点很远，不能立即拉开时，可根据具体情况采取相应的措施。

b．脱离高压电源

如果触电是发生在高压线路上，为使触电者脱离电源，应立即通知有关部门停电，或者戴上绝缘手套，穿上绝缘靴，用相应等级的绝缘工具拉开或切断电线；或者用一根较长的裸金属软线，先将其一端绑在金属棒上打入地下做可靠的接地，然后将另一端绑上一块石头等重物掷到带电体上，造成人为的线路短路，迫使继电保护装置动作，以切断电源。抛掷时要注意，抛掷的一端不可伤及其他人或触电者。

解脱电源要防止触电者脱离电源后可能引起的摔伤事故，特别是当触电者在高处的情况下，应采取防摔措施。在平地也要注意触电倒下的方向，注意防摔防碰。

② 现场救护

当触电者脱离电源后，救护者应根据触电者受伤害的轻重程度进行现场救护，同时派人通知医护人员到现场。

a．如果触电者所受伤害并不严重，神志还清醒，只是有些心慌、四肢发麻、全身无力或虽曾一度昏迷但未失去知觉，则应使之安静休息，不要走路，要严密观察，并请医生前来救治或送往医院诊治。

b．如果触电者已失去知觉，但心脏还在跳动，还在呼吸，则应使他安静、舒适地平躺。四周不要围人，使空气流通，解开他的衣服以利于呼吸，并速请医生前来诊治。如果发现触电者呼吸困难，并不时发生抽筋现象，就要准备立即进行人工呼吸或胸外心脏挤压。

c．如果触电者的呼吸、脉搏、心脏跳动均已停止，则必须立即进行人工呼吸及紧急救治。抢救要及时，延迟一分钟都会对抢救效果产生很大影响。因此，触电急救应在现场就地进行。只有在现场安全条件不允许时，才能将触电者抬到其他安全的地方进行急救。

③ 急救方法

a．人工呼吸法

人工呼吸法主要有两种，一种是口对口呼吸法，另一种是口对鼻呼吸法。

因触电者牙关紧闭等而不能进行口对口人工呼吸时，可采用口对鼻人工呼吸法。该方法与口对口人工呼吸法基本相同，用一手闭住触电者的口，以口对鼻吹气。

此外，还有两种人工呼吸法，即俯卧压背法（此法多用于溺水者）和仰卧举臂压胸法（此法多用于有害气体中毒或窒息的人）。与口对口（鼻）人工呼吸法相比，这两种方法的换气量比较小，仰卧举臂压胸法每次的换气量约为 800 mL，仰卧压背法每次的换气量约 400 mL，而口对口（鼻）人工呼吸法的换气量为 1 000～1 500 mL。由此可见，在现场应优先采用口对口（鼻）人工呼吸法，如图 1-5 所示。

图 1-5　口对口人工呼吸法

b．施行人工呼吸时的注意事项

- 施行人工呼吸前，把触电者所穿有碍呼吸的衣服和领扣、腰带解开，必要时可用剪刀剪开，不可强扯。
- 用衣服等作垫子，放在触电者的腰部（仰卧时）或腹部（俯卧时）下，把腰部或腹部垫高，同时检查肋骨、脊椎、手部是否有骨折情况，以便选用一种适宜的人工呼吸法。
- 把触电者下颌角向前推，使其嘴张开，如果舌头后缩，将舌头拉出口外，并检查口内，如果有血块、泥土、假牙等妨碍呼吸的东西，则立即清除。
- 口对口吹气的压力要掌握好，开始可略大些，频率也可稍快些，经过 10～20 次人工吹气后逐渐降低压力，只要维持胸部轻度升起即可。

④ 胸外心脏挤压法

胸外心脏挤压法是指心脏骤停时依靠外力有节律地挤压心脏来代替心脏的自然收缩，可暂时维持排送血液功能的方法。

具体操作步骤是：将触电者仰卧在地上或硬板床上，救护人员跪或站于一侧，将右手掌置于触电者胸骨下段及尖突部，左手置于右手上，以身体的重量用力把胸骨下段向后压向脊柱，随后将手腕放松；如此反复有节律地进行挤压和放松，每分钟挤压 60～80 次。在进行胸外心脏挤压时，宜将触电者头放低以利于静脉血液回流。若触电者同时伴有呼吸停止，在进行胸外心脏挤压的同时，还应进行人工呼吸。一般做 15 次胸外心脏挤压，做 2 次人工呼吸。胸外心脏挤压方法如图 1-6 所示。

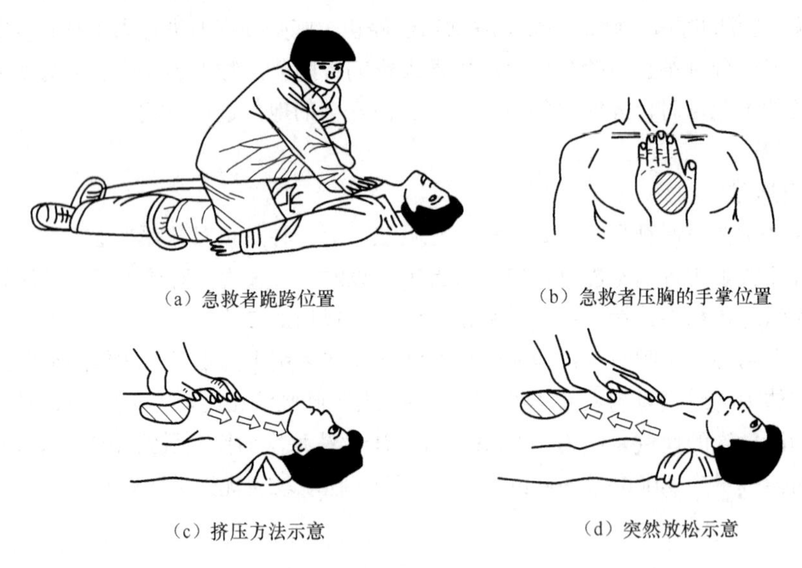

（a）急救者跪跨位置　（b）急救者压胸的手掌位置

（c）挤压方法示意　（d）突然放松示意

图 1-6　胸外心脏挤压法

1.1.2　用电安全技术简介

1．接地和接零保护

（1）接地保护

在中性点不接地的配电系统中，电气设备宜采用接地保护。这里的“接地”同电子电路中简称的“接地”（在电子电路中“接地”是指接公共参考电位“零点”）不是一个概念，这里是真正的接大地。即将电气设备的某一部分与大地土壤做良好的电气连接，一般通过金属接地体并保证接地电阻小于 4 kΩ。

由此也可看出，接地电阻越小，保护越好，这就是在接地保护中总要强调接地电阻要小的缘故。

（2）接零保护

对变压器中性点接地系统（现在普遍采用电压为 380 V/220 V 三相四线制电网）来说，采用外壳接地已不足以保证安全。因此，在这种系统中应采用保护接零，即将金属外壳与电网零线相接。一旦相线碰到外壳即可形成与零线之间的短路，产生很大的电流，使熔断器或过流开关断开，切断电流，因而可防止电击危险。

这种采用保护接零的供电系统，除工作接地外，还必须有重复接地保护。

应注意的是，这种系统中的保护接零必须是接到保护零线上，而不能接到工作零线上。虽然保护零线和工作零线的对地电压都是 0V，但保护零线上是不能接熔断器和开关的，而工作零线上则根据需要可接熔断器及开关。根据这一特点，可有效减轻有爆炸、火灾危险的工作场所的过负荷危险。

2. 漏电保护开关

漏电保护开关也叫触电保护开关，是一种切断保护型的安全技术，它比保护接地或保护接零更灵敏、更有效。漏电保护开关有电压型和电流型两种，其工作原理有共同性，即都可把它看作是一种灵敏继电器。

按国家标准规定，电流型漏电保护开关电流时间乘积为不小于 30 mA·s。实际产品一般额定动作电流为 30 mA，动作时间为 0.1 s。如果是在潮湿等恶劣环境下，可选取动作电流更小的规格。另外，还有一个额定不动作电流，一般取 5 mA，这是因为用电线路和电器都不可避免地存在着微量漏电。

选择漏电保护开关更要注意产品质量。一般来说，经国家电工产品认证委员会认证，带有安全标志的产品是可信的。

3. 过限保护

（1）过压保护装置

过压保护装置包括集成过压保护器和瞬变电压抑制器。

① 集成过压保护器是一种安全限压自控部件，使用时并联于电源电路中。当电源正常工作时功率开关断开。一旦设备电源失常或失效超过保护阈值，采样放大电路将使功率开关闭合、电源短路，使熔断器断开，保护设备免受损失。

② 瞬变电压抑制器（TVP）是一种类似稳压管特性的二端器件，但比稳压管响应快、功率大，能“吸收”高达数千瓦的浪涌功率。选择合适的 TVP 就可保护设备不受电网或因意外事故而产生的高压危害。

（2）温度保护装置

电器温度超过设计标准是造成绝缘失效，引起漏电、火灾的关键。温度保护装置除传统的温度继电器外，还有一种新型有效而且经济实用的元件——热熔断器。其外形如同一只电阻器，可以串接在电路，置于任何需要控制温度的部位，正常工作时相当于一只阻值很小的电阻，一旦电器温升超过阈值便立即熔断，从而切断电源回路。

（3）过流保护装置

用于过电流保护的装置和元件主要有熔断丝、电子继电器及聚合开关，它们串接在电源回路中以防止意外电流超限。

熔断器用途最普遍，主要特点是简单、价廉。不足之处是反应速度慢而且不能自动恢复。

电子继电器过流开关，也称电子熔断丝，反应速度快，可自行恢复，但较复杂，成本高，在普遍电器中难以推广。

4. 智能保护

各种监测装置和传感器（声、光、烟雾、位置、红外线等）将采集到的信息经过接口电路输入到计算机，进行智能处理，一旦发生事故或有事故预兆时，通过计算机判断及时发出处理指命，例如切断事故发生地点的电源或者总电源、启动自动消防灭火系统、发出事故警报等，并根据事故情况自动通知消防或急救部门。保护系统可将事故消灭在萌芽状态或使损失减至最小，同时记录事故详细资料。

【练一练】

（1）教师讲解电工安全知识，结合实习室设备和成套配电设备，演示触电情景和急救方法。

（2）将实习设备的电源断开，模拟触电情景，学生分组分别互相救助和自救。

（3）触电情景演示，请学生指出情景中的触电原因，并提出解决方案。

实训任务 1.2　火灾消防

1.2.1　电气火灾消防知识

1. 电气火灾的主要原因

电气火灾是指由电气原因引发燃烧而造成的灾害。短路、过载、漏电等电气事故都有可能导致火灾。设备自身缺陷、施工安装不当、电气接触不良、雷击静电引起的高温、电弧和电火花是导致电气火灾的直接原因。周围存放易燃易爆物是电气火灾的环境条件。

电气火灾产生的直接原因如下。

（1）设备或线路发生短路故障

电气设备由于绝缘损坏、电路年久失修、疏忽大意、操作失误及设备安装不合格等造成短路故障，其短路电流可达正常电流的几十倍甚至上百倍，产生的热量（正比于电流的平方）是温度上升超过自身和周围可燃物的燃点引起燃烧，从而导致火灾。

（2）过载引起电气设备过热

选用线路或设备不合理，线路的负载电流量超过了导线额定的安全载流量，电气设备长期超载（超过额定负载能力），引起线路或设备过热而导致火灾。

（3）接触不良引起过热

如接头连接不牢或不紧密、动触点压力过小等使接触电阻过大，在接触部位发生过热而引起火灾。

（4）通风散热不良

大功率设备缺少通风散热设施或通风散热设施损坏造成过热而引发火灾。

（5）电器使用不当

如电炉、电熨斗、电烙铁等未按要求使用，或用后忘记断开电源，引起过热而导致火灾。

（6）电火花和电弧

有些电气设备正常运行时就能产生电火花、电弧，如大容量开关、接触器触点的分、合操作，都会产生电弧和电火花。电火花温度可达数千摄氏度，遇可燃物便可点燃，遇可燃气体便会发生爆炸。

2. 易燃易爆环境

日常生活和生产的各个场所中，广泛存在着易燃易爆物质，如石油液化气、煤气、天然气、汽油、柴油、酒精、棉、麻、化纤织物、木材、塑料等，另外一些设备本身可能会产生易燃易爆物质，如设备的绝缘油在电弧作用下分解和气化，喷出大量油雾和可燃气体；酸性电池排出氢气并形成爆炸性混合物等。一旦这些易燃易爆环境遇到电气设备和线路故障导致的火源，便会立刻着火燃烧。

3. 电气火灾的防护措施

电气火灾的防护措施主要致力于消除隐患、提高用电安全，具体措施如下。

（1）正确选用保护装置，防止电气火灾发生

① 对正常运行条件下可能产生电热效应的设备采用隔热、散热、强迫冷却等结构，并注重耐热、防火材料的使用。

② 按规定要求设置包括短路、过载、漏电保护设备的自动断电保护。对电气设备和线路正确设置接地、接零保护，为防雷电安装避雷器及接地装置。

③ 根据使用环境和条件正确设计、选择电气设备。恶劣的自然环境和有导电尘埃的地方应选择具有抗绝缘老化功能的产品，或增加相应的措施；对易燃易爆场所则必须使用防爆电气产品。

（2）正确安装电气设备，防止电气火灾发生

① 合理选择安装位置。

对于爆炸危险场所，应该考虑把电气设备安装在爆炸危险场所以外或爆炸危险性较小的部位。

开关、插座、熔断器、电热器具、电焊设备和电动机等应根据需要，尽量避开易燃物或易燃建筑构件。起重机滑触线下方，不应堆放易燃品。露天变配电装置不应设置在易于沉积可燃性粉尘或纤维的地方。

② 保持必要的防火距离。

对于在正常工作时能够产生电弧或电火花的电气设备，应使用灭弧材料将其全部隔围起来，或将其与可能被引燃的物料，用耐弧材料隔开或与可能引起火灾的物料之间保持足够的距离，以便安全灭弧。

安装和使用有局部热聚焦或热集中的电气设备时，在局部热聚焦或热集中的方向与易燃物料必须保持足够的距离，以防引燃。

电气设备周围的防护屏障材料，必须能承受电气设备产生的高温（包括故障情况下）。应根据具体情况选择不可燃、阻燃材料或在可燃材料表面喷涂防火涂料。

（3）保持电气设备的正常运行，防止电气火灾发生

① 正确使用电气设备，是保证电气设备正常运行的前提。因此应按设备使用说明书的规定操作电气设备，严格执行操作规程。

② 保持电气设备的电压、电流、温升等不超过允许值，保持各导电部分连接可靠，接地良好。

③ 保持电气设备的绝缘良好，保持电气设备的清洁，保持良好通风。

4. 电气火灾的扑救

发生火灾应立即拨打119火警电话报警，向公安消防部门求助。扑救电气需注意触电危险，为此要及时切断电源，通知电力部门派人到现场指导和监护扑救工作。

（1）正确选择使用灭火器

在处理尚未确定断电的电气火灾时，应选择适当的灭火器和灭火装置，否则，有可能造成触电事故和更大危害，如使用普通水枪射出的直流水柱和泡沫灭火器射出的导电泡沫会破坏绝缘。

使用四氯化碳灭火器灭火时，灭火人员应站在上风侧，以防中毒；灭火后，空间要注意通风。使用二氧化碳灭火器时，当其浓度85%时，人就会感到呼吸困难，要注意防止窒息。

（2）正确使用喷雾水枪

带电灭火时使用喷雾水枪比较安全，因为这种水枪通过水柱的泄漏电流较小，用喷雾水枪灭电气火灾时水枪喷嘴与带电体的距离可参考以下数据。

10 kV 及以下者不小于 0.7 m。

35 kV 及以下者不小于 1 m。

110 kV 及以下者不小于 3 m。

220 kV 不应小于 5 m。

带电灭火必须有人监护。

（3）灭火器的保管

灭火器在不使用时，应注意对它的保管与检查，保证可随时正常使用。

1.2.2 干粉灭火器的使用方法

1. 特性

干粉灭火器按照充装干粉灭火剂的种类可以分为普通干粉灭火器和超细干粉灭火器两种。

（1）普通干粉灭火器特性

普通干粉灭火剂主要由活性灭火成分、疏水成分、惰性填料组成。疏水成分主要有硅油和疏水白炭黑；惰性填料种类繁多，主要起防振实、结块，改善干粉运动性能，催化干粉硅油聚合，以及改善与泡沫灭火剂的共容等作用。这类普通干粉灭火剂目前在国内外已经获得很普遍应用，如图1-7所示。

图 1-7　普通灭火器

① 燃烧特性。燃烧是一类有氧气参与的剧烈氧化反应，燃烧过程是链式反应。在高温、氧气参与下可燃物分子被激活，产生自由基，自由基能量很高，极其活泼，一旦生成立刻引发下一步反应，生成更多的自由基，这些具有很高能量的众多自由基再次引发更多数目的自由基。这样，依靠自由基不断传递链反应，可燃物质分子被逐步裂解，维持燃烧不断进行。

② 灭火特性。窒息、冷却及对有焰燃烧的化学抑制作用是干粉灭火效能的集中体现，其中化学抑制作用是灭火的基本原理，起主要灭火作用。干粉灭火剂中灭火成分是燃烧反应的非活性物质，当其进入燃烧区域火焰中时，分解所产生的自由基与火焰燃烧反应中产生的 H 和 OH 等自由基相互反应，捕捉并终止燃烧反应产生的自由基，降低了燃烧反应的速率。当火焰中干粉浓度足够高，与火焰接触面积足够大，自由基终止速率大于燃烧反应生成的速率时，链式燃烧反应被终止，从而火焰熄灭。干粉灭火剂在燃烧火焰中吸热分解，因每一步分解反应均为吸热反应，故有较好的冷却作用。此外，高温下磷酸二氢铵分解，在固体物质表面生成一层玻璃状薄膜残留[1]覆盖物覆盖于表面，阻止燃烧进行，并能防止复燃。

（2）超细干粉灭火剂特性

超细灭火粒子由于比表面积大，活性高，能在空气中悬浮数分钟，形成相对稳定的气溶胶，所以，不仅灭火效能很高，且使用方法也完全不同于一般传统干粉灭火剂，它类似卤代烷湮灭式灭火。

2. 灭火原理

干粉灭火器内充装的是磷酸铵盐干粉灭火剂。干粉灭火剂是用于灭火的干燥且易于流动的微细粉末，由具有灭火效能的无机盐和少量的添加剂经干燥、粉碎、混合而成的微细固体粉末组成。它是一种在消防中得到广泛应用的灭火剂，且主要用于灭火器中。除扑救金属火灾的专用干粉化学灭火剂外，干粉灭火剂一般分为 BC 干粉灭火剂（碳酸氢钠）和 ABC 干粉（磷酸铵盐）灭火剂两大类。前者是靠干粉中的无机盐的挥发性分解物，与燃烧过程中燃料所产生的自由基或活性基团发生化学抑制和负催化作用，使燃烧的链反应中断而灭火；后者是靠干粉的粉末落在可燃物表面外，发生化学反应，并在高温作用下形成一层玻璃状覆盖层，从而隔绝氧，进而窒息灭火。另外，还有部分稀释氧和冷却作用。

3. 适用范围

干粉灭火器可扑灭一般火灾，还可扑灭油、气等燃烧引起的失火。干粉灭火器是利用二氧化碳气体或氮气气体作为动力，将筒内的干粉喷出灭火的。主要用于扑救石油、有机溶剂等易燃液体、可燃气体和电气设备的初期火灾。

4. 使用方法

干粉灭火器最常用的开启方法为压把法。将灭火器提到距火源适当位置后，先上下颠倒几次，使筒内的干粉松动，然后让喷嘴对准燃烧最猛烈处，拔去保险销，压下压把，灭火剂便会喷出灭火。开启干粉灭火棒时，左手握住其中部，将喷嘴对准火焰根部，右手拔掉保险卡，旋转开启旋钮，打开储气瓶，滞时 1～4s，干粉便会喷出灭火。

（1）手提式干粉灭火器的使用方法

碳酸氢钠干粉灭火器适用于易燃、可燃液体、气体及带电设备的初期火灾；磷酸铵盐干粉灭火器除可用于上述几类火灾外，还可扑救固体类物质的初起火灾。但都不能扑救金属燃烧火灾。

灭火时，可手提或肩扛灭火器快速奔赴火场，在距燃烧处 5 m 左右，放下灭火器。如在室外，应选择在上风方向喷射。使用的干粉灭火器若是外挂式储压式的，操作者应一手紧握喷枪、另一手提起储气瓶上的开启提环。如果储气瓶的开启是手轮式的，则向逆时针方向旋开，并旋到最高位置，随即提起灭火器。当干粉喷出后，迅速对准火焰的根部扫射。使用的干粉灭火器若是内置式储气瓶的或者是储压式的，操作者应先将开启把上的保险销拔下，然后握住喷射软管前端喷嘴部，另一只手将开启压把压下，打开灭火器进行灭火。有喷射软管的灭火器或储压式灭火器在使用时，一手应始终压下压把，不能放开，否则会中断喷射。

干粉灭火器扑救可燃、易燃液体火灾时，应对准火焰要部扫射，如果被扑救的液体火灾呈流淌燃烧时，应对准火焰根部由近而远，并左右扫射，直至把火焰全部扑灭。如果可燃液体在容器内燃烧，使用者应对准火焰根部左右晃动扫射，使喷射出的干粉流覆盖整个容器开口表面；当火焰被赶出容器时，使用者仍应继续喷射，直至将火焰全部扑灭。在扑救容器内可燃液体火灾时，应注意不能将喷嘴直接对准液面喷射，防止喷流的冲击力使可燃液体溅出而扩大火势，造成灭火困难。如果可燃液体在金属容器中燃烧时间过长，容器的壁温已高于扑救可燃液体的自燃点，此时极易造成灭火后再复燃的现象，若与泡沫类灭火器联用，则灭火效果更佳。

（2）推车式干粉灭火器的使用方法

推车式干粉灭火器主要适用于扑救易燃液体、可燃气体和电器设备的初期火灾。推车式干粉灭火器移动方便，操作简单，灭火效果好。

把灭火器拉或推到现场，用右手抓着喷粉枪，左手顺势展开喷粉胶管，直至平直，不能弯折或打圈，接着除掉铅封，拔出保险销，用手掌使劲按下供气阀门，再用左手把持喷粉枪管托，右手把持枪把并用手指扳动喷粉开关，对准火焰喷射，不断靠前并左右摆动喷粉枪，用干粉笼罩住燃烧区，直至把火扑灭为止。

1.2.3 6S 管理

1. 6S 的基本含义

所谓 6S，是指对生产现场各生产要素（主要是物的要素）所处状态不断进行整理、整顿、清洁、清扫、提高素养及安全的活动。如表 1-2 所示，由于整理（Seiri）、整顿（Seiton）、清扫（Seiso）、清洁（Seiketsu）、素养（Shitsuke）和安全（Safety）这 6 个词在日语中罗马拼音或英语中的第一个字母是“S”，所以简称 6S。

整理（Seiri）——将工作场所的任何物品区分为有必要和没有必要的，除了有必要的留下来，其他的都消除掉。目的：腾出空间，空间活用，防止误用，塑造清爽的工作场所。

整顿（Seiton）——把留下的必用的物品依规定位置摆放，并旋转整齐加以标识。目的：工作场所内物品的摆放一目了然，消除寻找物品的时间，塑造整齐的工作环境，消除过多的积压物品。

清扫（Seiso）——将工作场所内看得见与看不见的地方清扫干净，保持工作场所干净、亮丽的环境。目的：稳定品质，减少工业伤害。

清洁（Seiketsu）——经常保持环境外在美观的状态。目的：创造洁净现场，维持上面 3S 成果。

素养（Shitsuke）——每位成员养成良好的习惯，遵守规则，培养积极主动的精神（也称习惯性）。目的：培养有好习惯，遵守规则的员工，营造团队精神。

安全（Safety）——重视成员安全教育，每时每刻都有安全第一观念，防患于未然。目的：建立起安全生产的环境，所有的工作都应建立在安全的前提下。

6S 的具体含义如表 1-2 所示。

表 1-2　6S 的含义

中文	日文	英文	典型例子
整理	Seiri	Organization	定期处置不用的物品
整顿	Seiton	Nestness	金牌标准，30 s 内就可找到所需物品
清扫	Seiso	Cleaning	自己的区域自己负责清扫
清洁	Seiketsu	Standardization	明确每天的 6S 时间
素养	Shitsuke	Discipline and Training	严守规定、团队精神、文明礼仪
安全	Safety	Safety	严格按照规章、流程作业

2. 6S 的作用

6s 是企业各项管理的基础活动，它有助于消除企业在生产过程中可能面临的各类不良现象。6S 在推行过程中，通过开展整理、整顿、清扫、安全等基本活动，使之成为制度性的清洁，最终提高员工的职业素养。因此，6S 对企业的作用是基础性的，也是不可估量的。6S 执行过程示意图如图 1-8 所示。

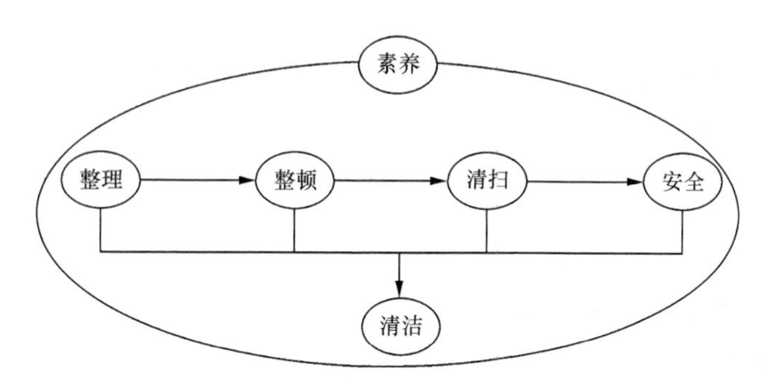

图 1-8 6S 过程示意图

6S 具有以下几个方面的作用。

（1）提升企业形象

实施 6S 活动，有助于企业形象的提升。整齐清洁的工作环境，不仅能使企业员工的士气得到激励，还能增强顾客的满意度，从而吸引更多的顾客与企业进行合作。因此，良好的现场管理是吸引顾客、增强客户信心的最佳广告。此外，良好的企业形象一经传播，就使 6S 企业成为其他企业学习的对象。

（2）提升员工归属感

6S 活动的实施还可以提升员工的归属感，使员工成为有较高素养的员工。在干净、整洁的环境中工作，员工的尊严和成就感可以得到一定程度的满足。由于 6S 要求进行不断的改善，因而可以增强员工的意愿，使员工更愿意为 6S 工作现场付出爱心和耐心，进而培养“企业就是家”的感情。

（3）减少浪费

企业实施 6S 的目的之一是减少生产过程中的浪费。工厂中各种不良现象的存在，在人力、场所、时间、士气、效率等多方面给企业造成了很大的浪费。6S 可以明显减少人员、时间和场所的浪费，降低产品的生产成本，其直接结果就是为企业增加利润。

（4）保障安全

降低安全事故发生的可能性，这是很多企业特别是制造加工类企业一直寻求的重要目标之一。6S 的实施，可以使工作场所显得宽敞明亮。地面上不随意摆放不应该摆放的物品，通道比较通畅，各项安全措施落到实处。另外，6S 活动的长期实施，可以培养工作人员认真负责的工作态度，这样也会减少安全事故的发生。

（5）提升效率

6S 活动还可以帮助企业提升整体的工作效率。优雅的工作环境、良好的工作气氛以及有素养的工作伙伴，都可以让员工心情舒畅，更有利于发挥员工的工作潜力。另外，物品的有序摆放减少了物料的搬运时间，工作效率自然能得到提升。

（6）保障品质

产品品质保障的基础在于做任何事情都有认真的态度，杜绝马虎的工作态度。实施 6S 就是为了消除工厂中的不良现象，防止工作人员马虎行事，这样就可以使产品品质得到可靠的保障。

例如，在一些生产数码相机的厂家中，对工作环境的要求是非常苛刻的，空气中若混入灰尘就会造成数码相机品质下降，因此在这些企业中实施6S尤为必要。

【练一练】

（1）选择合适的灭火器进行灭火。介绍并练习使用各种灭火器。

（2）简述6S的含义。

思考与练习1

1．常见的人体触电方式有哪些？

2．常见的安全用电措施有哪几种？

3．简述常见的急救方式。

4．如何正确使用灭火器？

5．简要说明实施6S对企业会起哪些作用。

常用电工工具和仪表的使用

项目任务：

- 常用电工工具及使用。
- 常用电工仪表及使用。

项目实训目标：

- 了解现场常用电工工具的结构。
- 掌握现场电工工具的使用方法。
- 通过练习，熟悉各种电工工具的操作要领。
- 了解常用电工仪表的准确度等级与基本误差。
- 熟悉万用表、钳形电流表、兆欧表和接地电阻表的使用方法。

实训任务 2.1　电工工具的使用

2.1.1　试电笔

试电笔又称为低压验电器。它被喻为电工的“眼睛”，是用来检测物体是否带电的一种常用电工工具，其检测电压范围多为 60～500 V。

1. 结构

试电笔一般由氖管、电阻、弹簧、笔身和笔尖等构成，如图 2-1 所示。常见的形式有笔式、旋凿式、感应式和数字式等几种。使用时以手指接触笔尾的金属体，使氖管小窗背光朝自己。当用电笔测带电体时，电流经过带电体、电笔、人体和大地形成回路。只要带电体与大地之间的电压差超过 60 V，电笔中的氖泡就发光。

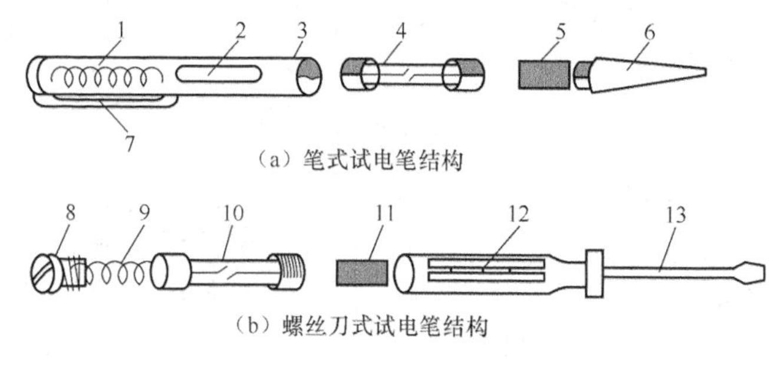

图 2-1　试电笔结构

1、9—弹簧；2、12—小窗；3—笔身；4、10—氖管

5、11—电阻；6、13—金属体笔尖；7、8—金属体笔尾

2. 工作原理

试电笔的内部结构是一只有两个电极的灯泡，泡内充有氖气，俗称氖泡，它的一极接到笔尖，另一极串联一只高电阻后接到笔的另一端。当氖泡的两极间电压达到一定值时，两极间便产生辉光，辉光强弱与两极间电压成正比。当带电体对地电压大于氖泡起始的辉光电压，而将测电笔的笔尖端接触它时，另一端则通过人体接地，所以试电笔会发光，试电笔中电阻的作用是用来限制流过人体的电流，以免发生危险。

3. 试电笔的应用

（1）区别火线和地线；

（2）用来判别交流与直流；

（3）判断直流电正负极；

（4）判断设备是否漏电；

（5）判断火线是否接地；

（6）判断负载是否平衡；

（7）判断电灯地线是否断电；

（8）判断接触是否良好。

4. 注意事项

（1）使用前，必须先在有电的电源上检验电笔氖管是否正常发光。

（2）在明亮的光线下测试时，应避开直射的强光，防止对有无辉光造成错误判断。

（3）使用时，应使试电笔逐渐靠近被测物体，直到氖管发亮。只有在氖管不发亮时，人体才可以与被测物体接触。

（4）旋凿式试电笔的探头只能承受较小的力矩，因此在作为旋具使用时，应特别小心。

（5）在交流电路中，当试电笔触及导线时，氖管发光的即为相线，正常情况下，触及零线是不会发光的。

（6）测试时可根据氖管发光的强弱来估计电压的高低。

试电笔的使用方法如图 2-2 所示。

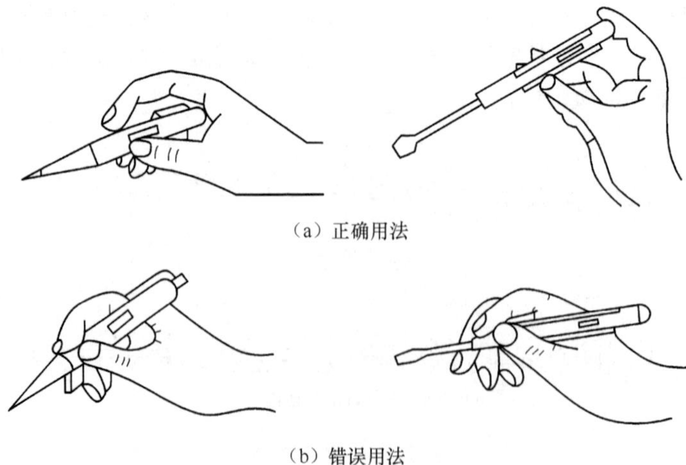

（a）正确用法

（b）错误用法

图 2-2　试验电笔的使用方法

2.1.2 旋具

旋具又称为螺丝刀、起子，是用来拆卸或紧固螺钉的工具。

1. 规格

旋具有一字形、十字形和专用型等多种，如图 2-3 所示。

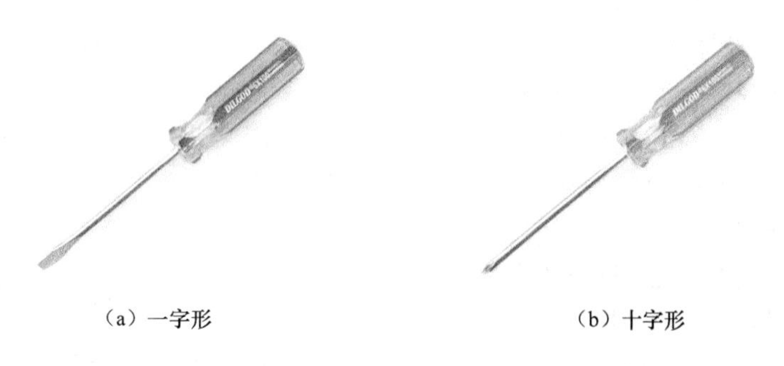

（a）一字形　　（b）十字形

图 2-3　常用旋具

2. 使用方法

（1）小螺钉旋具的使用

按图 2-4（a）所示的正确方法握好工具。使用时用食指顶住柄的末端，用大拇指和中指夹着握柄旋拧。

（2）大螺钉旋具的使用

按图 2-4（b）所示的正确方法握好工具。使用时除大拇指、食指、中指要夹住握柄外，手掌还要顶住柄的末端，这样可防止旋拧时的滑脱现象。

3. 注意事项

（1）使用一字形螺钉旋具时，应使其端部尺寸与螺钉槽口相适应。

（2）使用十字形螺钉旋具时，要注意使旋转杆端部与螺钉槽相吻合，用力要平稳，推压和旋转要同时进行，不要在槽口中蹭动，以免磨毛槽口。

（3）在安装与拆卸六方螺母时，应选用专用的螺母旋具，其使用方法与螺钉旋具相同。

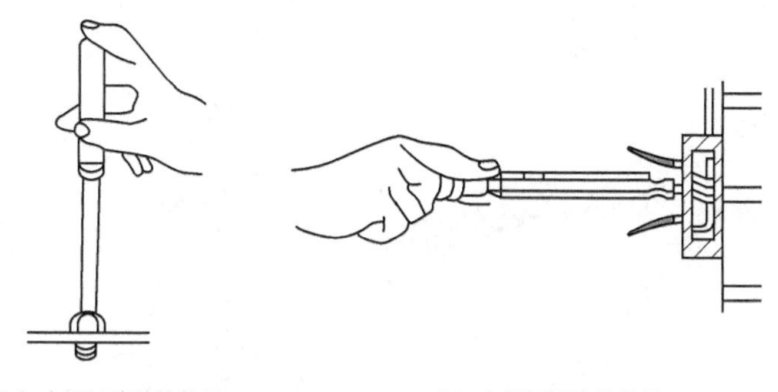

（a）小螺钉旋具的使用　　（b）大螺钉旋具的使用

图 2-4　旋具的使用方法

2.1.3 钳子

钳子根据用途不同可分为尖嘴钳、钢丝钳、偏口钳（断线钳）及剥线钳等。

1. 尖嘴钳

尖嘴钳的头部细而尖，在狭小的空间也能灵活操作，如图 2-5 所示。常用的尖嘴钳多是带刀口的，但一般不作为剪切工具来使用。它一般用于夹持较小的螺钉、导线等元件，剪断细小金属丝或绕弯一定圆弧的接线鼻。

尖嘴钳的规格以全长表示，常用的有 130、160 和 180 mm 3 种，电工用尖嘴钳在钳柄套有耐压强度为 500 V 的绝缘套管。

尖嘴钳的用途如下。

（1）有刃口的尖嘴钳能剪断细小金属丝。

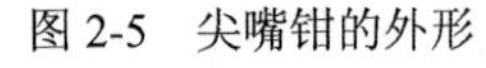

图 2-5　尖嘴钳的外形

（2）钳嘴能用来夹持较小螺钉、垫圈、导线等元件。

（3）在装接控制电路板时，尖嘴钳能将单股导线弯成一定圆弧的接线鼻子。

尖嘴钳的握法如图 2-6 所示。

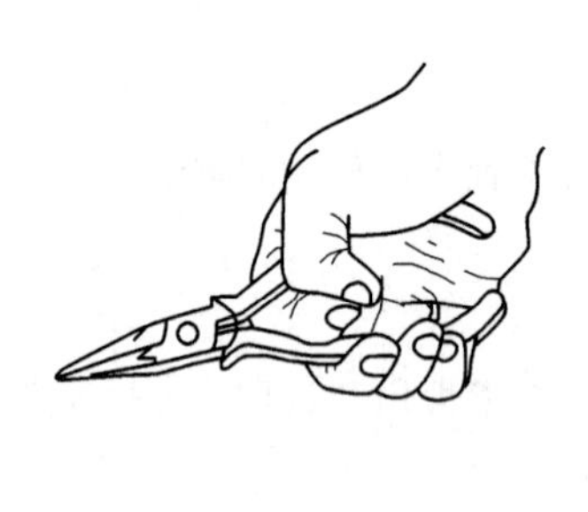

（a）平握法

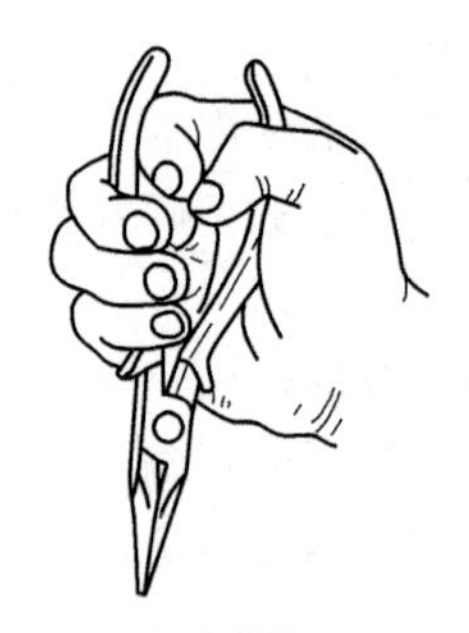

（b）立握法

图 2-6　尖嘴钳的握法

2. 钢丝钳

钢丝钳也叫平口钳、老虎钳，常用的规格有 150 mm、175 mm 和 200 mm 3 种，工作电压一般在 500 V 以内。钢丝钳主要由钳头和钳柄两部分组成，钳头由钳口、齿口、刀口和铡口四部分组成。钢丝钳的外形如图 2-7 所示。

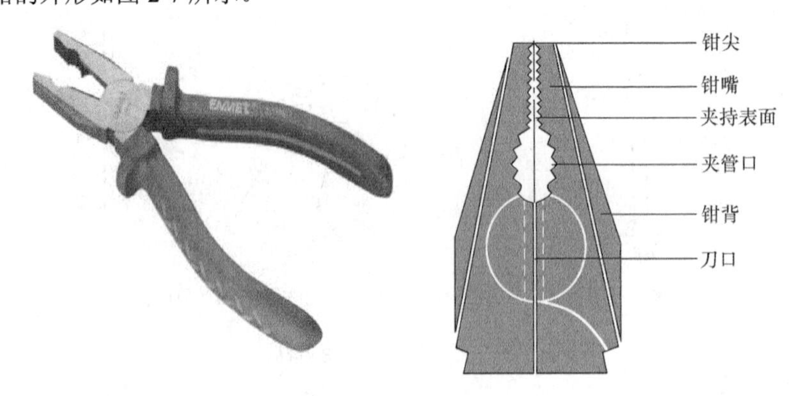

图 2-7　钢丝钳

钢丝钳的用途很多，钳口用来弯绞和钳夹导线线头；齿口用来紧固或起松螺母；刀口用来剪切或剖削软导线绝缘层；铡口用来铡切电线线芯、钢丝等较硬金属丝，图 2-8 标出了各部分的用法。

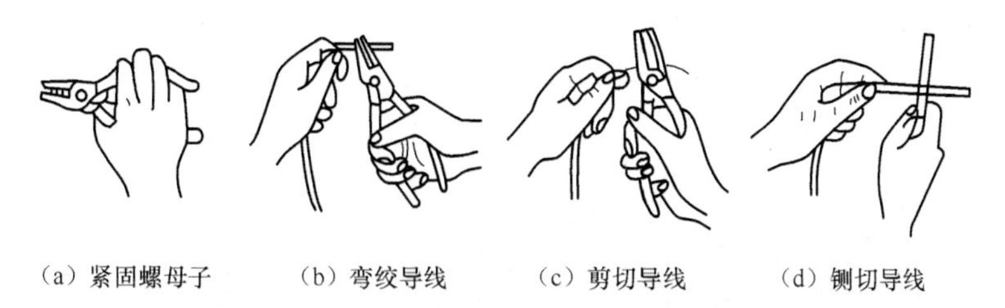

（a）紧固螺母子　　（b）弯绞导线　　（c）剪切导线　　（d）铡切导线

图 2-8　钢丝钳各部分的用途

使用钢丝钳的注意事项如下。

（1）使用前，必须检查绝缘柄的绝缘是否良好。

（2）剪切带电导线时，不得用刀口同时剪切相线和中线或不同相的相线，以免发生短路事故。

（3）带电工作时注意钳头金属部分与带电体的安全距离。

3. 偏口钳

偏口钳又称斜口钳、断线钳，其绝缘套管耐压为 1000 V，专供剪断较粗的金属丝、线材及电线电缆等，其外形如图 2-9 所示。

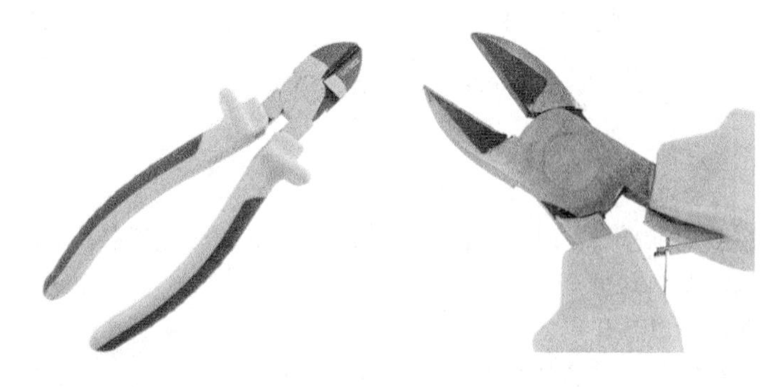

图 2-9　偏口钳

4. 剥线钳

剥线钳是一种用于剥除小直径导线绝缘层的专用工具，手柄是绝缘的，耐压为 500 V。它由钳头和手柄两部分组成。钳头由压线口和切口组成，有直径为 0.5～3 mm 的多个切口，以适应不同规格的芯线的剥皮。其外形如图 2-10 所示。

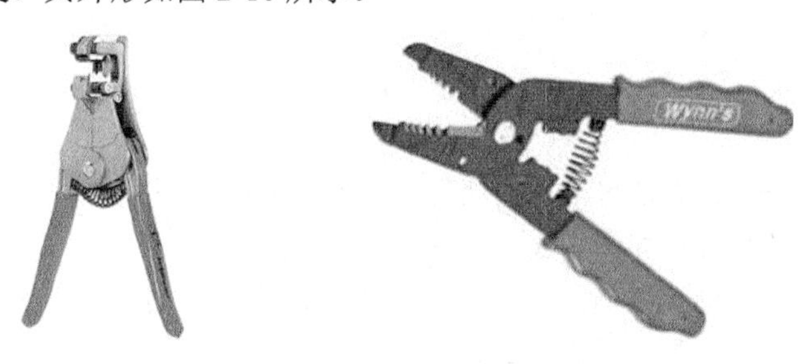

图 2-10　剥线钳

剥线钳的使用方法如图 2-11 所示。

（1）根据缆线的粗细型号，选择相应的剥线刀口。

（2）将准备好的电缆放在剥线工具的刀刃中间，选择好要剥线的长度。

（3）握住剥线工具手柄，将电缆夹住，缓缓用力使电缆外表皮慢慢剥落。

（4）松开工具手柄，取出电缆线，这时电缆金属整齐露在外面，其余绝缘塑料完好无损。

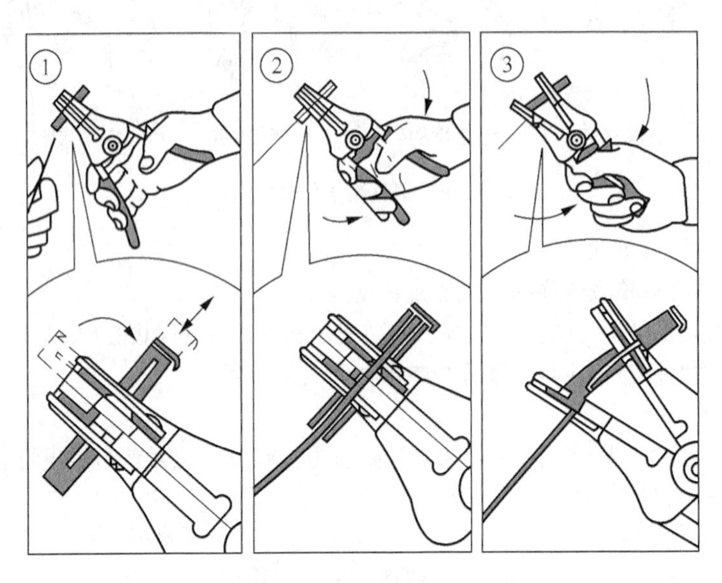

图 2-11　剥线钳的用法

2.1.4　电工刀

电工刀是电工在装配维修工作时用于剖削电线绝缘外皮，割削绳索、木桩、木板等物品的常用工具。其外形结构如图 2-12 所示。

使用电工刀时要注意以下几点。

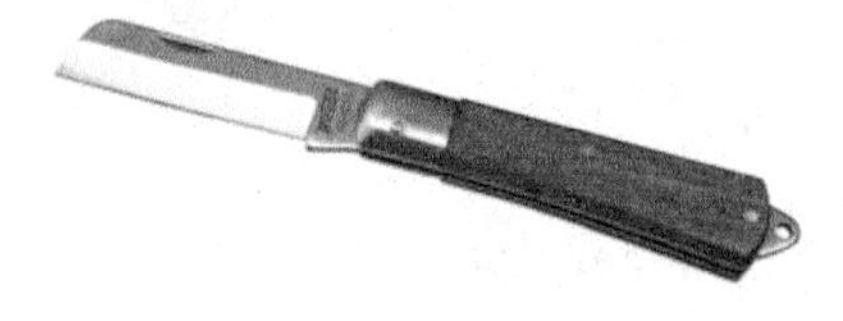

图 2-12　电工刀

（1）刀口朝外进行操作。在剖削绝缘导线的绝缘层时，必须使圆弧状刀面贴在导线上，以免刀口损伤芯线。

（2）一般电工刀的刀柄是不绝缘的，因此严禁用电工刀在带电导体或器材上进行剖削工作，以防止触电。

（3）电工刀的刀尖是剖削作业的必需部位，应避免在硬器上划损或碰缺，刀口应经常检查并保持锋利，磨刀宜用油石为好。使用完之后应随即把刀身折入刀柄。

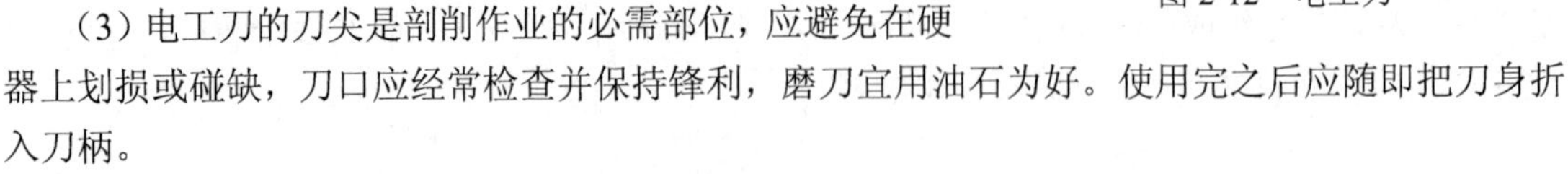

2.1.5　扳手

常用扳手有固定扳手、套筒扳手、活动扳手 3 类，其外形如图 2-13 所示。

固定扳手常用于固定或拆卸方形或六角形螺母、螺栓。

套筒扳手常用于装配位置狭小、凹下很深的部位及在不允许手柄有较大转动角度的场合下紧固、拆卸六角螺母或螺柱。其外形如图 2-13（e）所示。

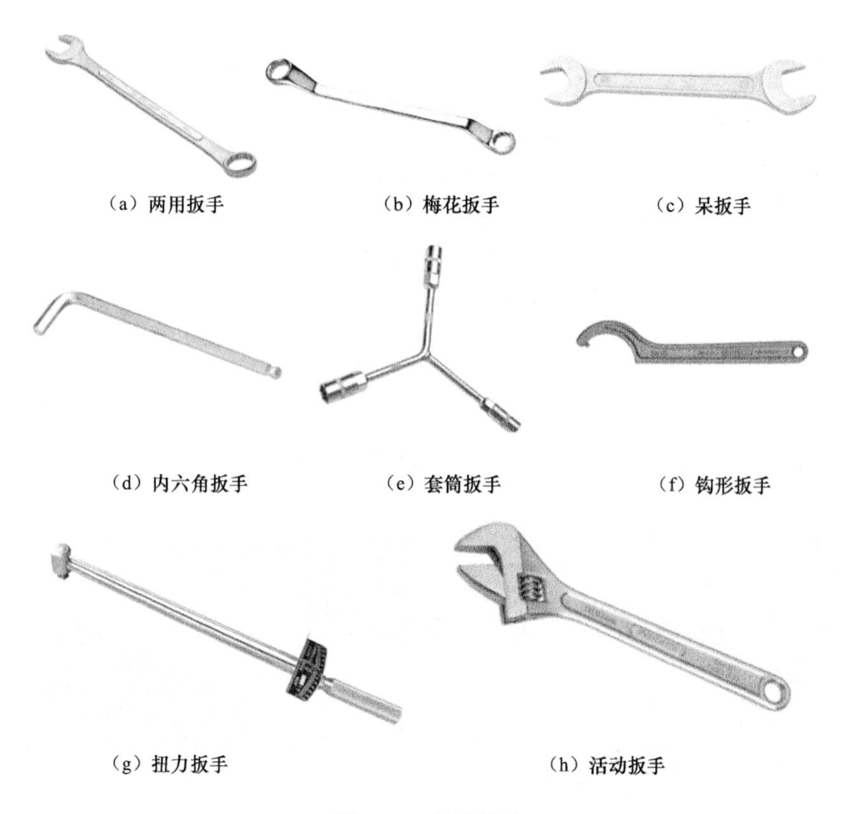

（a）两用扳手　（b）梅花扳手　（c）呆扳手

（d）内六角扳手　（e）套筒扳手　（f）钩形扳手

（g）扭力扳手　（h）活动扳手

图 2-13　各种扳手

活动扳手是一种旋紧或拧松有角螺母的工具，其结构如图 2-14 所示。常用的活动扳手有 150 mm、200 mm、250 mm 和 300 mm 四种规格。由于它的开口尺寸可以在规定范围内任意调节，所以特别适用于在螺栓规格多的场合使用。

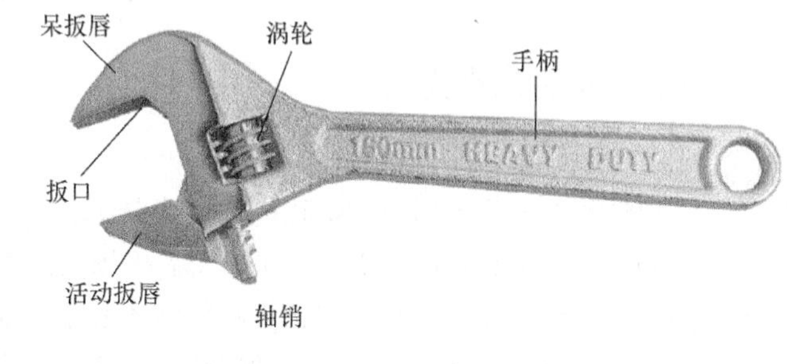

图 2-14　活动扳手的结构

活动扳手的使用方法如下。

（1）扳动大螺母时，需要较大力矩，手应握在近柄尾处，如图 2-15（a）所示。

（2）扳动较小螺母时，需用力矩不大，手应握在近头部的地方，可随时调节蜗轮，收紧活动扳唇防止打滑，如图 2-15（b）所示。

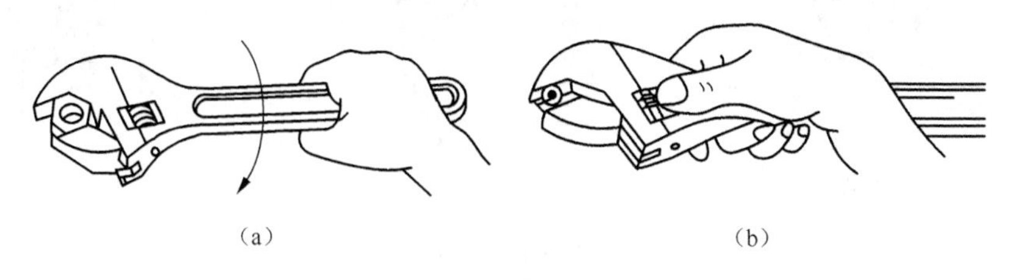

（a）　（b）

图 2-15　活动扳手的使用方法

注意不能把活动扳手当锤子用。

2.1.6 钢锯

钢锯常用于割锯各种金属板或电路板、槽板等，如图 2-16 所示。钢锯包括锯架（俗称锯弓子）和锯条两部分，使用时将锯条安装在锯架上，一般将齿尖朝前安装锯条。钢锯使用后应卸下锯条或将拉紧螺母拧松，这样可防止锯架形变，从而延长锯架的使用寿命。

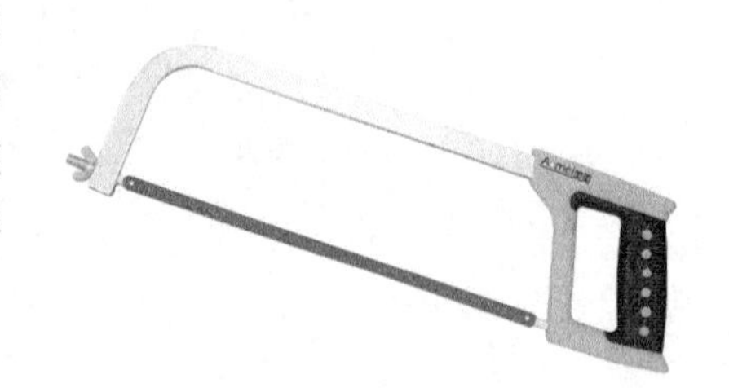

图 2-16 钢锯

2.1.7 榔头、小钢凿和麻线凿

1. 榔头

榔头常用于敲打小钢凿、麻线凿、铁钉等，如图 2-17（a）所示。

2. 小钢凿

小钢凿用于凿打砖墙上的木枕孔，如图 2-17（b）所示。

3. 麻线凿

麻线凿用于凿打水泥墙上的木枕孔，如图 2-17（c）所示。

（a）榔头　（b）小钢凿　（c）麻线凿

图 2-17 榔头、小钢凿和麻线凿

2.1.8 电动工具类

1. 电钻

电钻是以电作为动力的钻孔机具，是电动工具中的常规产品。电钻的工作原理是电磁旋转式或电磁往复式小容量电动机的电机转子做磁场切割做功运转，通过传动机构驱动作业装置，带动齿轮加大钻头的动力，从而使钻头刮削物体表面，以更好地洞穿物体。

电钻可分为 3 类：手电钻、冲击钻和锤钻，外形如图 2-18 所示。

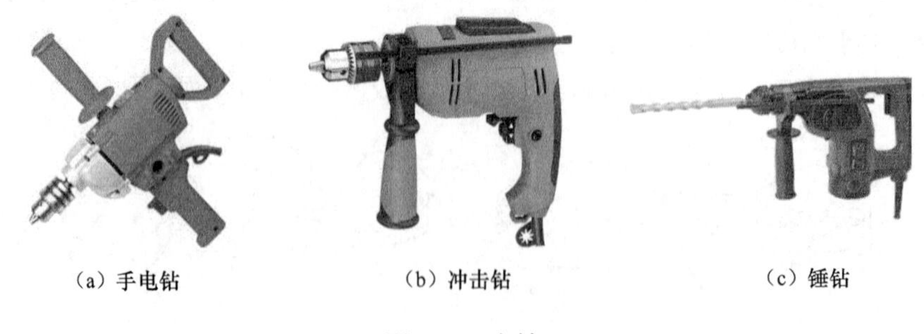

（a）手电钻　（b）冲击钻　（c）锤钻

图 2-18 电钻

（1）手电钻

手电钻的功率最小，只是靠电机带动传动齿轮加大钻头转动的力气，使钻头在金属、木材等物质上做刮削形式洞穿，使用范围仅限于钻木和当个电动改锥用，不具有太大的实用价值。

（2）冲击钻

冲击钻是利用内轴上的齿轮相互跳动，实现冲击效果，既可作为普通电钻使用，也可用于冲打砌块、砖墙等建筑材料的木榫孔和导线穿墙孔，它也可以钻钢筋混泥土，但是效果不佳。

（3）锤钻（电锤）

电锤适用于混凝土、砖石等硬质建筑材料的钻孔，可替代手工进行凿孔操作，使用范围最广。它是利用底部电机带动两套齿轮结构，一套实现凿削，而另一套则带动活塞，犹如发动机液压冲程，产生强大的冲击力，伴随着钻的效果。

2. 电镐

电镐是具有能产生较大冲击能量的锤击机构，用于混凝土、石料、道路面的破碎、凿洞及土、砂等松散物夯实的电动工具，如图 2-19 所示。

总而言之，电钻只能钻，冲击钻能钻也能有稍微锤击的效果。锤钻能钻和做较大的锤击，电镐则只做锤击并不能钻。

2.1.9 电工工具套

电工工具套是一种盛放常用电工工具的袋子，用皮革或帆布制成，可放 4 件或 5 件工具。它一般佩挂在电工背后右侧的腰带上，如图 2-20 所示。

图 2-19　电镐

图 2-20　电工工具套

【练一练】

（1）练习打木榫孔，钻塑料榫孔，锯一小段木槽板、木枕和钢管（注意人身安全）。

① 分别在砖墙和水泥墙上按照图 2-21 所示的方法凿打木榫孔。

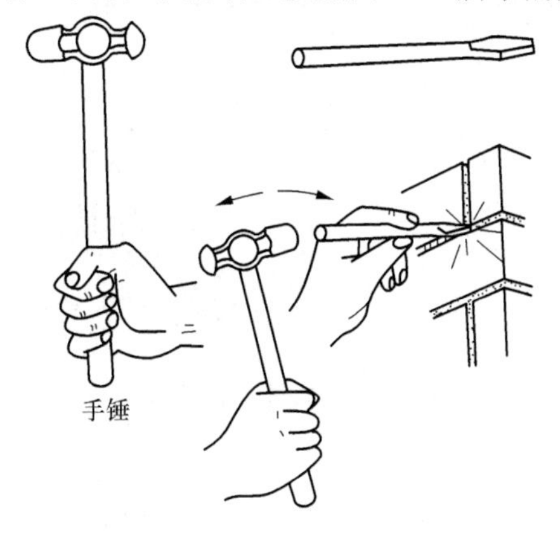

（a）持锤及握凿方法

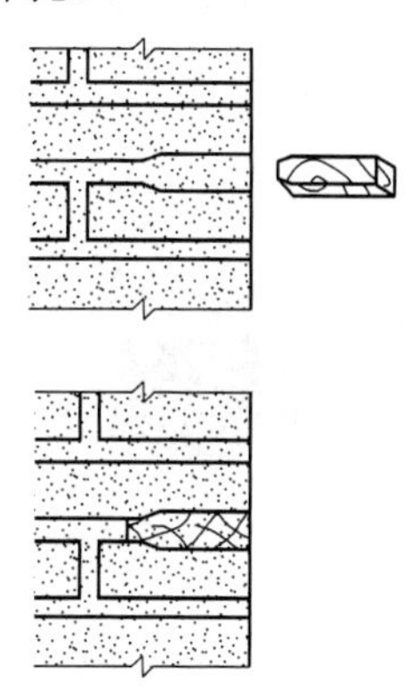

（b）打入木榫

图 2-21　凿打木榫孔

② 分别在砖墙和水泥墙上按照图 2-22 所示的方法安装塑料榫。

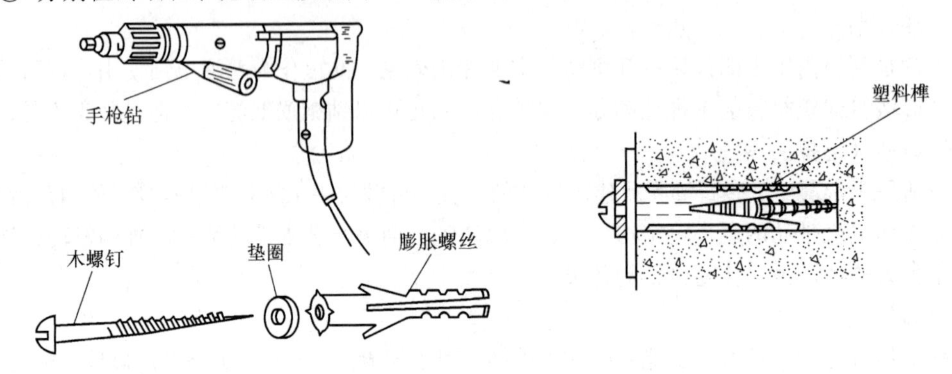

图 2-22 塑料榫

③ 安装钢锯，并用钢锯分别锯一小段木槽板、木枕和钢管。

注意：锯条锯齿向前，锯条必须装紧，推时用力，拉时顺势收回。

（2）取各种规格的电线线头少许，用剥线钳进行剥线练习，或用电工刀进行剖削练习（注意人身安全）。

（3）使用钢锯锯一块木槽板或锯一个木台槽口。

实训任务 2.2 电工仪表的使用

2.2.1 电流表

电流表用来测量流过电路的电流的大小。电流表串接在电路中的某个支路内，就可以直接测出该支路内的电流。按电流表内部结构的不同，分为直流电流表和交流电流表。

1. 直流电流表

直流电流表如图 2-23 所示，黑色表示负极，红色表示的正极，其中 3 A 和 0.6 A 分别表示不同的量程范围。直流电流表只能用于直流电路，在串接直流电流表时，要注意电流表的极性，电流表上的“＋”端接靠近电源正极的一端，电流表上的“－”端接靠近电源负极的一端，如图 2-24 所示。

图 2-23 直流电流表

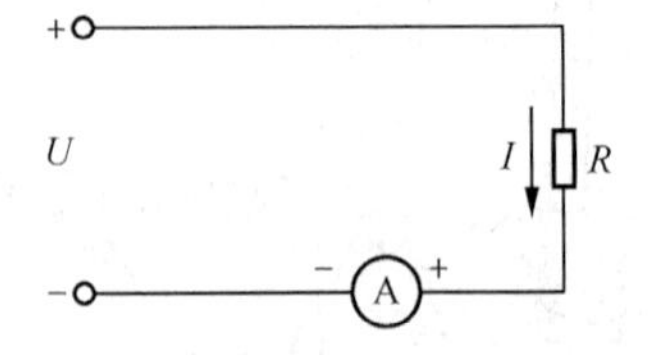

图 2-24 直流电流测量

2. 交流电流表

在测量交流电时，应选用交流电流表，如图 2-25 所示。交流电流表主要采用电磁系电表、电动系电表和整流式电表的测量机构。电磁系测量机构的最低量程约为几十毫安，为提高量程，要按比例减少线圈匝数，并加粗导线，也可借助电流互感器来扩大仪表的量程。其接线法如图 2-26

所示，测量时电路电流通过电流互感器的一次绕组，电流表串联在二次绕组中，电流表的读数应乘以电流互感器的变比才是实际电流值。

无论是直流电流表，还是交流电流表，都应遵守以下使用规则。

（1）电流表要与电器串联在电路中使用，否则会烧毁电流表。

（2）被测电流不能超过电流表的量程范围。

（3）电流要从“＋”接线柱入，从“－”接线柱出，否则指针会反转，容易把针打弯。

（4）绝对不允许不经过用电器而把电流表连到电源的两极上。

（5）使用前要应先进行调零，确保测量的准确性。

（6）电流表直接接入电路时，仪表本身的内阻会造成功率损耗，影响测量的准确度。因此在选择电流表时，其内阻越小，测量的准确度越高。

图 2-25　交流电流表

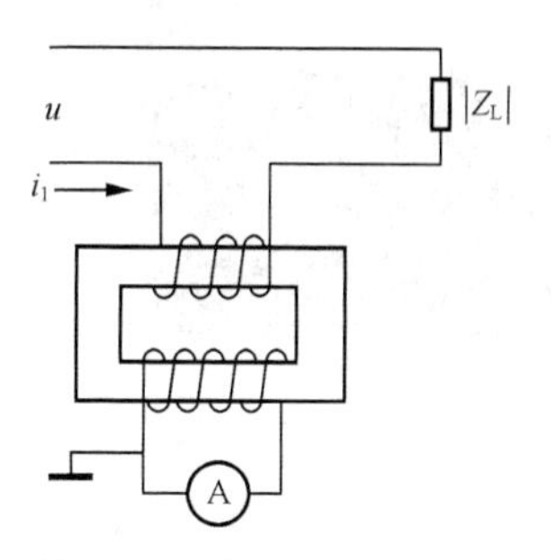

图 2-26　交流电流测量

2.2.2　电压表

电压表是测量电压的一种仪器，它必须并联在被测电路的两端，按内部结构的不同，分为直流电压表和交流电压表两种，如图 2-27 所示。

（a）直流电压表

（b）交流电压表

图 2-27　电压表

直流电压表大部分都分为两个量程，分别为 0～3 V 和 0～15 V。

在使用电压表时，电压表的正极与电路的正极连接，负极与电路的负极连接。此外，由于电压表的内阻直接影响到测量的准确度，内阻越大，测量误差越小，故电压表的内阻应尽量大些。

2.2.3　万用表

“万用表”是万用电表的简称，又称多用表、三用表、复用表，是电工测试中最基本的工具。

万用表是一种多功能、多量程的测量仪表，通常用来测量直流电流、直流电压、交流电压、电阻和音频电平等，较高级的万用表可测量三极管的放大倍数、频率、电容值、电感量、逻辑电平、分贝值等。

万用表具有价格低廉、操作简单、功能齐全、容易携带等特点，是电子测量中最常用的工具，掌握万用表的使用方法是电子技术的一项基本技能。

现在最常见的万用表有机械指针式（又叫磁电式）和数字式两种。图 2-28 为 3 种常见万用表的实物图。

（a）MF-500

（b）MF-47

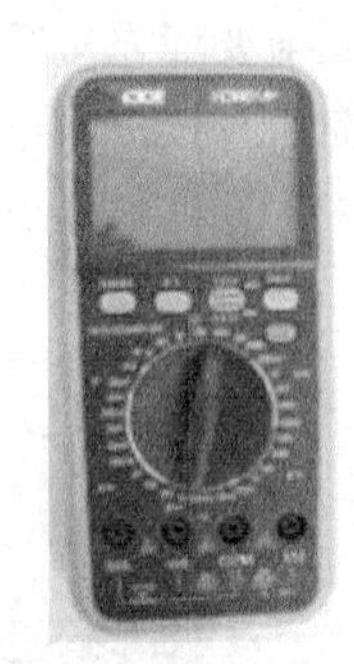

（c）数字式

图 2-28　常见万用表的实物图

1. 指针式万用表

（1）组成

指针式万用表面板主要有表头、挡位/量程选择开关、晶体管测试孔、表笔插孔、高压测试插孔、大电流测试插孔，以及欧姆挡调零旋钮，如图 2-29 所示。

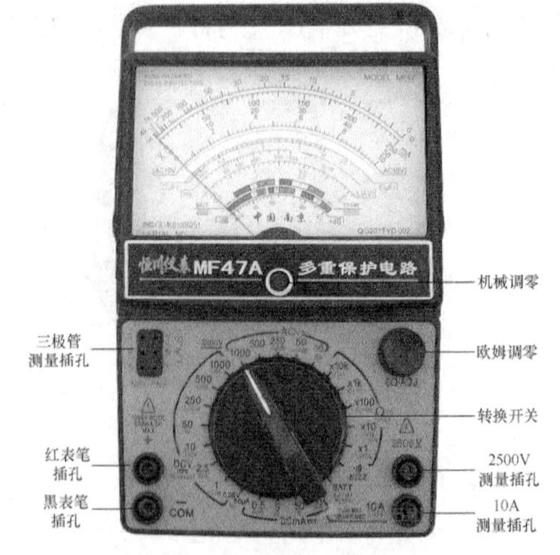

图 2-29　万用表面板结构

① 表头。

指针式万用表的表头是一只高灵敏度的磁电式直流电流表。表盘上印有多条刻度线，其中右端标有“Ω”的是电阻标度尺，其刻度值分布是不均匀的，指示的是电阻值。在标尺左右两侧分别标有“$\frac{\mathrm{V}}{\sim}$”和“$\frac{\mathrm{mA}}{---}$”为直流电压、交流电压及直流电流共用标度尺。标有 AC10V 的标度尺，指示的是 10 V 的交流电压值；标有 h_{FE} 的刻度线，指示的是晶体管共发射极直流电流放大系数；标有“C（μF）50Hz”的刻度线，为电容容量标度尺；标有“L（H）50Hz”的刻度线，为电感量标度尺；音频电平标度尺用“dB”表示。

表头上还设有机械零位调整旋钮，用小螺丝刀可以校正指针在左端的指零位。

② 选择开关。万用表的选择开关是多挡位的旋转开关，用来选择测量项目和量程。一般的万用表测量项目如下。

a．“DCmA”：用于测量直流电流；

b．“DCV”： 用于测量直流电压；

c．“ACV”： 用于测量交流电压；

d．“Ω”： 用于测量电阻。

每个测量项目又划分为几个不同的量程以供选择。

选择开关置于 h_{FE} 挡时，可测量晶体管放大参数 β 值。

③ 表笔和表笔插孔。表笔分为红、黑二支。使用时应将红色表笔插入标有“＋”号的插孔，黑色表笔插入标有“－”号的插孔。有的万用表还有音频插孔和 2500 V 插孔。

（2）使用方法

① 测量前的准备。

a．使用之前，应注意指针是否指在零位，如不在零位，可通过机械调零装置，将指针调到零位。

b．把 1.5 V 五号电池及 10F20 型 15 V 层叠电池各一节装入万用电表电池夹内。

c．把两根测试棒的短棒分别插到插座上，红棒插在“＋”插座内，黑棒插在“*”插座（公用插座内）。

② 直流电流测量。

a．根据所测电流的大小，把开关转到相应的电流（mA）挡上。

b．测量时把万用表串接在被测电路中，红棒接触在电路的正端，黑棒接触在电路的负端。测试棒的红棒在使用 2.5A 挡时应插在 2.5A 的插座内。

c．电流测量的刻度看第二条刻度线读出。

③ 直流电压测量。

a．把开关转到与被测电压相对应的直流电压挡。

b．红测试棒接触电路的正端，黑测试棒接触电路的负端。

c．测出的电压在第二刻度线读出。

④ 交流电压测量。

与直流电压的测量相似，只需把开关转到交流电压范围内。交流 10V 挡刻度看第三条刻度线，其他各挡看第二条刻度线读出。

⑤ 电阻测量。

a．将开关转到电阻挡范围内，把红黑两棒短路，调整“Ω”调零器，使指针指在第一条刻度线的 0Ω位置上（即满度位置）。

b．把测试棒分开去测被测电阻的两端，测量值在第一条刻度线上读出并乘上该挡的倍率。每转换一次挡位均需重新调零。

c．注意：测量电路中的电阻时，应切断被测电路的电源，如电路中有电容器存在，应先将其放电后再测量。

（3）注意事项

万用表属于较精密的测量仪器，为保护仪表并在测量中得到最精确的测量值，在使用时应注意如下事项。

① 万用表使用前，应做到：

a．应检查表针是否停在表盘左端的零位。如有偏离，可用小螺丝刀轻轻转动表头上的机械零位调整旋钮，使表针指零。

b．将表笔按要求插入表笔插孔。

c．将选择开关旋到相应的项目和量程上。

② 万用表使用时，应做到：

a．测量电流、电压时，不能带电换量程。

b．选择量程时，应本着“先大后小”的原则，即先选大量程，后选小量程进行测量，并尽量使被测值接近量程，选用的量程与被测值越接近，测量的数值就越精确。

c．注意测量电流与电压，切勿转错挡位。如果误用电阻挡或电流挡去测电压，就极可能烧毁仪表。

d．测电阻时，不要带电测量。因为测量电阻时，万用表由内部电池供电，如果带电测量就相当于接入一个额外的电源，有可能损坏表头。

e．如果在被测电路中有电容器，需要先将其放电才能测量。

f. 在电阻挡将两支表笔短接，调“零欧姆”旋钮至最大，表头指针如果仍然达不到“零”点，通常是因为表内电池电压不足，这时应及时更换新电池。

g．测量电压或电流时，要用表笔试探所要测的端点。不要将表笔固定在线路中，避免使仪器受到意外损害。

③ 万用表使用后，应做到：

a．拔出表笔。

b．将选择开关旋至“OFF”挡，若无此挡，应旋至交流电压最大量程挡，因为如不小心易使两根表笔相碰短路，不仅会耗费表内电池，严重时甚至会损坏表头。

c．若长期不用，应将表内电池取出，以防电池电解液渗漏而腐蚀内部电路。

d．万用表需要经常保持清洁和干燥，以免影响准确度和损坏仪表。

2. 数字万用表

数字万用表由于具有灵敏度高、准确度高、测量范围宽、测量速度快、抗干扰能力强等特点得到广泛应用。现在的数字万用表除了具有测量交、直流电压，交、直流电流，电阻这五种功能外，还有数字计算、自检、读数保持、误差读出、二极管检测等功能。图 2-30 所示为数字万用表的面板结构。

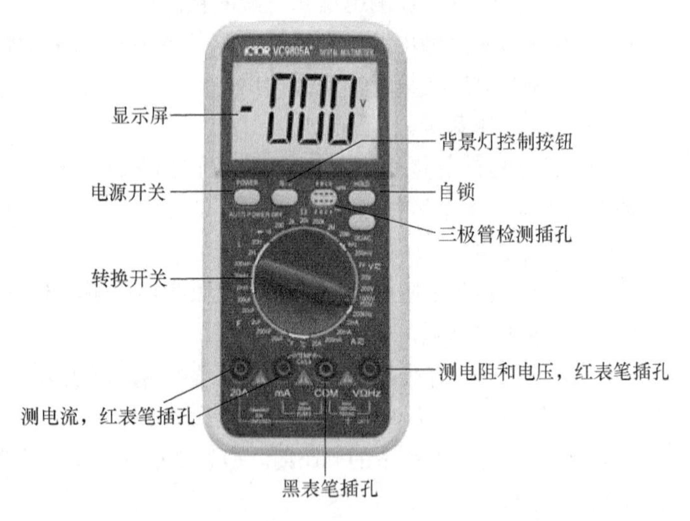

图 2-30 数字万用表

（1）面板介绍

① 显示屏

数字万用表显示屏可显示 4 位数字，最高位只能显示 1 或不显示数字。最大指示为 1999 或–1999。当被测量超过最大指示值时，显示“1”或“－1”。

② 电源开关

使用时按下电源开关按钮，置于“ON”位置；使用完毕再按下此按钮，则置于“OFF”位置。

③ 转换开关

转换开关用以选择功能和量程。根据被测的电量（电压、电流、电阻、电容等），选择相应的功能位；按被测量程的大小应选择合适的量程。

④ 输入插座

将黑色测试笔插入“COM”的插座，红色的测试笔有如下 3 种插法：测量电压和电阻时插入“V·W”插座；测量小于 200 mA 的电流时插入“mA”插座；测量大于 200 mA 的电流时插入“10A”插座。

（2）使用方法

① 直流电压、交流电压的测量。先将黑表笔插入 COM 插孔，红表笔插入 V/Ω插孔。然后将功能开关置于 DCV（直流）或 ACV（交流）量程，并将测试表笔连接到被测电源两端，显示器将显示被测电压值。在显示直流电压值的同时，将显示红表笔端的极性。如果显示器只显示“1”，表示过量程，功能开关应置于更高的量程。

② 直流电流、交流电流的测量。先将黑表笔插入 COM 插孔，测量最大为 200 mA 的电流，将红表笔插入“mA”孔；测量最大值为 20A 的电流，将红表笔插入“20A”插孔。将功能开关置于 DCA 或 ACA 量程，测试表笔串联接入被测忡，显示器即显示被测电流值，在显示直流电流的同时，将显示红表笔端的极性。

③ 电阻的测量。先将黑表笔插入 COM 插孔，红表笔插入 V/Ω插孔（注意：红表笔极性为“＋”，与指针式万用表相反）。然后将功能开关置于Ω量程，两表笔连接到被测电阻上，显示器将显示被测电阻值。如果被测电阻值超过了所选择量程的最大值，将显示过量程“1”，应选择最高的量程；电阻开路或无输入时，也显示为“1”，应注意区别。

④ 二极管测试。先将黑表笔插入 COM 插孔，红表笔插入 V/Ω插孔（红表笔极性为“＋”）。然后将功能开关置于二极管挡，将表笔连接到被测二极管，显示器将显示正向压降的 mV 值。当二极管反向时过载时显示为“1”。

⑤ 晶体管放大系数测试。先将功能开关置于 h_{FE} 挡。然后确定晶体管为 NPN 或 PNP，并将发射极、基极、集电极分别插入相应的插孔。此时显示器显示出晶体管放大系数 h_{FE} 的值。

⑥ 电容测量。先将黑表笔插入 mA 插孔，红表笔插入 COM 插孔，然后将功能开关置于电容挡。

（3）注意事项

① 将 ON—OFF 开关置 ON 位置，检查 9 V 电池电压值。如果电池电压不足，显示器左边将显示“LOBAT”或“BAT”字符，此时应打开后盖，更换指定型号电池。如无上述字符显示，则可继续操作。

② 若测试表笔插孔旁边的正三角中有感叹号，表示输入电压或电流不应超过指示值。

③ 测试前功能开关应置于合适的量程。

2.2.4 兆欧表

兆欧表主要用于测量电气设备的绝缘电阻，也称为摇表，是一种专门测量高阻值电阻（主要是绝缘电阻）的直读式仪表。常用兆欧表规格及技术数据如表 2-1 所示。

表 2–1　　常用兆欧表型号及技术数据

型号	额定电压/V	准确度等级	量程范围/MΩ
ZC25-1	100	1.0	100
ZC11-1	100	1.0	500
ZC28	500	1.5	200
ZC30-2	5000	1.5	10000

注：常用国产兆欧表的型号有 ZC11 和 ZC25。

1. 兆欧表的结构

兆欧表主要由一个手控高压直流发电机、两个线圈与兆欧表表针相连构成，其中一个线圈与表内附加电阻串联，另一个线圈与被测的电阻串联，然后一起接到手摇发电机上。图 2-31 所示为兆欧表的外形。

2. 兆欧表的使用方法

（1）接线方法

兆欧表分别标有接地（E）、线路（L）和保护环（G）三个端钮。测量电路绝缘电阻时，可将被测的两端分别接于 E 和 L 两个端钮上；测量电机或设备的绝缘电阻时，将电机绕组或设备导体接于 L 端钮上，机壳或设备外壳接于 E 端钮上（注意不能接反，否则误差很大）；测量电缆的导电线芯与电缆外壳的绝缘电阻时，除将被测两端分别接于 E 和 L 两端钮外，还需将电缆壳芯之间的内层绝缘接于保护环端钮 G 上，以消除因表面漏电而引起的误差。

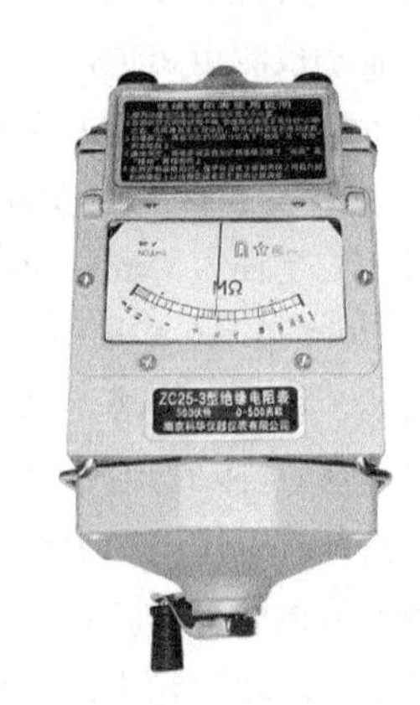

图 2-31　兆欧表

（2）测量

测量时，以均匀速度摇动手柄，转速尽量接近 120 r/min（相当于 2 r/s），由于被测设备有电容等充电现象，因此要摇测 1 min 后再读数。如果摇动手柄后指针指零值，则表示绝缘已损坏，不能再继续，否则将使表内线圈烧坏。

（3）拆线

在兆欧表的手柄没有停止转动和被试物没有放电之前，不可用手去触及被测物的测量部分和进行拆除导线工作，以防触电。

3. 注意事项

（1）兆欧表的选择

选择兆欧表时要根据所测量电气设备的电压等级来决定，测量额定电压为 500 V 以上的电气设备的绝缘电阻时，必须选用 1000～2500 V 兆欧表；测量 500 V 以下电压的电气设备，宜选择用 500 V 兆欧表。

（2）测量前准备

兆欧表在工作时，自身产生高电压，而测量对象又是电气设备，所以必须正确使用，否则就会造成人身或设备事故。使用前，首先要做好以下各种准备。

① 测量前必须将被测设备电源切断，并对地短路放电，以保证人身和设备的安全。

② 对可能感应出高电压的设备，必须消除这种可能性后，才能进行测量。

③ 被测物表面要清洁，减少接触电阻，确保测量结果的正确性。

④ 测量前要进行一次开路和短路试验，检查兆欧表是否良好。将兆欧表“线路（L）”和“接地（E）”两端钮开路，摇动手柄，指针应指在“∞”处；再将两端钮短接，轻摇手柄，指针应指在“0”处，这说明兆欧表是好的。

⑤ 兆欧表使用时应放在平稳、牢固的地方，且远离大的外电流导体和外磁场，以免影响测量的准确度。

⑥ 兆欧表端钮与被测物之间的连接导线不可用双股绝缘绞线，应用绝缘良好的单根线，避免因绞线绝缘不良而引起误差。

（3）测量时的注意事项

① 摇测过程中不得用手触及被试设备，还要防止外人触及。

② 禁止在雷电时或有其他感应电产生时摇测绝缘。

2.2.5 钳形电流表

钳形表主要用于在不断开线路的情况下直接测量线路电流。在测量时，将钳形表的磁铁套在被测导线上（相当于一个电流互感器的初级线圈），钳形表中的次级线圈与电流表相串联（相当于一个电流互感器的次级线圈）。根据电磁感应原理在电流表上可以读出线路中的电流数值。钳形表的外形及使用方法如图 2-32 所示。

1. 钳形电流表的结构及原理

钳形电流表实质上是由一只电流互感器、钳形扳手和一只整流系仪表所组成，被测载流导线相当于电流互感器的原绕组，在铁芯上是电流互感器的副绕组，副绕组与整流系仪表接通。根据电流互感器原、副绕组间的一定的变化关系，整流系仪表的指示值就是被测量的数值。

（a）数字式

（b）指针式

图 2-32 钳形电流表

2. 钳形电流表的使用方法

（1）测量前要机械调零。

（2）选择合适的量程，先选大，后选小或看铭牌值估算。

（3）当使用最小量程测量，其读数还不明显时，可将被测导线绕几匝，匝数要以钳口中央的匝数为准，则

钳形表的读数=指示值×量程/（满偏×匝数）

（4）测量时，应使被测导线处在钳口的中央，并使钳口闭合紧密，以减少误差。

（5）测量完毕，要将转换开关放在最大量程处。

3. 注意事项

（1）每次测量只能钳入一根导线。

（2）被测线路的电压要低于钳形电流表的额定电压。

（3）测高压线路的电流时，要戴绝缘手套，穿绝缘鞋，站在绝缘垫上。

（4）钳口不能带电换量程。

【练一练】

（1）使用万用表测量被测对象的电压、电流和电阻值，并将测量结果填入表 2-2 中。

表 2-2　测量结果

被测对象	直流电压/V	交流电压/V	直流电流/mA	电阻值/Ω
一节五号电池				
电插座				
半导体收音机静态整机电流				
试电笔中的固定电阻				

（2）用钳形表测量一个 2.2 kW 三相异步电动机工作时的电流（电动机的功率可视现场条件而定），将结果填入表 2-3 中。

表 2-3　测量结果

	电动机额定功率/kW	线电流/A	线电压/V
铭牌数据			
实测数据			

（3）用兆欧表测量上述电动机的任意一个接线端与电动机外壳之间的绝缘电阻，并简述测量步骤。

思考与练习 2

1. 常用电工工具有哪些？各有什么用途？
2. 低压验电笔的基本构造是怎样的？使用时应注意哪些事项？
3. 简述兆欧表的工作原理、使用兆欧表应注意的问题。

实训项目 3 常用电工材料和导线的连接

项目任务：

- 认识常用电工材料。
- 学会利用实习工具进行导线的连接。

项目实训目标：

- 掌握常用电工材料的应用、识别与选取。
- 掌握基本元器件的识别与检测。
- 掌握绝缘导线的类型及通过电流的大小。
- 掌握绝缘导线的正确连接和技巧。

实训任务 3.1　常用电工材料

3.1.1　电路基本元器件

1. 电阻器

电阻器又简称电阻，是反映对电流运动阻碍作用的电路参数。其文字符号为“R”，图形符号国内一般采用 DIN 标准，国际上大多采用 ANSI 标准，如图 3.1 所示。

（a）DIN 标准　　（b）ANSI 标准

图 3-1　电阻的符号

电阻的 SI 单位是欧姆（Ω）。其他常用的单位还有：千欧（kΩ）、兆欧（MΩ）。它们之间的换算关系为：

$$1\ k\Omega=1000\ \Omega，1\ M\Omega=1000\ k\Omega$$

电阻在电路中的作用为：

① 控制和调节电压和电流，如：限流、分流、降压、分压等；

② 用作负载，将电能转换成其他能。

（1）电阻器的常见种类

电阻器按结构形式可分为固定电阻器和可调电阻器。固定电阻器有线绕型和非线绕型两大类，非线绕型电阻器有薄膜（如碳膜、金属膜、金属氧化膜）式、贴片式等。根据用途分，电阻器有普通电阻器、精密电阻器、高阻电阻器、高压电阻器、高频电阻器、压敏电阻器、热敏电阻器、光敏电阻器和熔断电阻器（保险丝电阻器）等。图 3-2 为几种常用的电阻器的实物图。

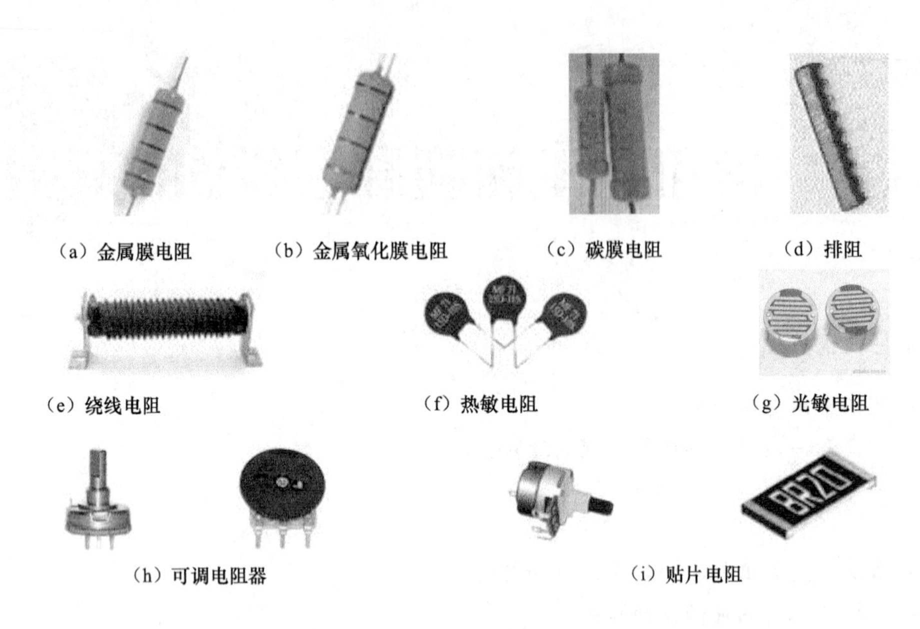

（a）金属膜电阻　（b）金属氧化膜电阻　（c）碳膜电阻　（d）排阻

（e）绕线电阻　（f）热敏电阻　（g）光敏电阻

（h）可调电阻器　（i）贴片电阻

图 3-2　各种常用电阻器的实物图

（2）一般电阻器的标志内容及方法

电阻器有多项技术指标，但由于表面积有限和对参数关心的程度不同，一般只标明阻值、精度、材料、功率等项。对于 1/8～1/2 W 的小电阻，通常只标注阻值和精度，材料及功率通常由外形尺寸及颜色判断。电阻参数的标志方法通常用文字符号直标或色带标出。

① 文字符号直标

A．标称阻值

阻值单位：Ω（欧）、kΩ（千欧）、MΩ（兆欧）、GΩ（吉欧）、TΩ（太欧），其中，$k=10^3$，$M=10^6$，$G=10^9$，$T=10^{12}$。

遇有小数时，常以Ω、k、M 取代小数点，如：0.1Ω标为Ω1、3.6Ω标为 3Ω6、3.3kΩ标为 3k3，2.7MΩ标为 2M7。

B．精度

普通电阻精度分为±5%、±10%、±20%共 3 种，在电阻标称值后，标明 I（J）、II（K）、III（M）符号，III级可不标明。电阻的精度等级用不同符号标明，见表 3-1。

表 3-1　电阻的精度等级

%	±0.001	±0.002	±0.005	±0.01	±0.02	±0.05	±0.1	±0.2	±0.5	±1	±2	±5	±10	±20
符号	E	X	Y	H	U	W	B	C	D	F	G	J	K	M

C．功率

通常 2 W 以下的电阻不标出功率，通过外形尺寸即可判定；2 W 以上功率的电阻在电阻上以数字标出。

D．材料

2 W 以下的小功率电阻，电阻材料通常也不标出。对于普通碳膜和金属膜电阻，通过外表颜色可以判定。通常碳膜电阻涂绿色或棕色，金属膜电阻涂红色或棕色。2 W 以上功率的电阻大部分在电阻体上以符号标出，符号含义如表 3-2 所述。

表 3-2　　电阻材料及代表符号

符　号	T	J	X	H	Y	C	S	I	N
材　料	碳　膜	金 属 膜	线　绕	合 成 膜	氧 化 膜	沉 积 膜	有机实芯	玻 璃 釉 膜	无机实芯

（2）色码标志法

小功率电阻较多情况使用色标法，特别是 0.5 W 以下的碳膜和金属膜电阻更为普通。色标的基本色码及意义列于表 3-3 中。

① 色标电阻（色环电阻）：可分为三环、四环、五环 3 种标法，含义如图 3-3 所示。

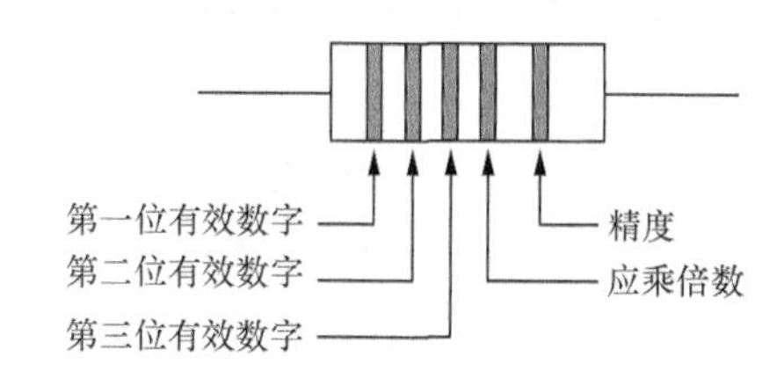

图 3-3　五环电阻色环含义

② 三环色标电阻：表示标称电阻值（精度均为±20%）。

③ 四环色标电阻：表示标称电阻值及精度。

④ 五环色标电阻：表示标称电阻值（3 位有效数字）及精度。

为避免混淆，精度色环的宽度是其他色环的（1.5～2）倍。

表 3-3　　色标的基本色码及意义

色别	第一环	第二环	第三环	第四环	第五环
	第一位数	第二位数	第三位数	应乘倍数	精度
棕	1	1	1	10	F±1%
红	2	2	2	10^2	G±2%
橙	3	3	3	10^3	—
黄	4	4	4	10^4	—
绿	5	5	5	10^5	D±0.5%
蓝	6	6	6	10^6	C±0.2%
紫	7	7	7	10^7	B±0.1%
灰	8	8	8	10^8	—
白	9	9	9	10^9	—
黑	0	0	0	10^0	K±10%
金	—	—	—	10^{-1}	J±5%
银	—	—	—	10^{-2}	K±10%

注：电阻在电路中用“R”加数字表示。

2. 电容器

电容器的基本结构是在两个相互靠近的导体之间覆一层不导电的绝缘材料（介质）。它的功能是介质两边储存一定的电荷或电能。电容器利用其充、放电以及“通交流、隔直流，通高频、阻低频”的特性，广泛应用于滤波、隔直、交流旁路、交流耦合、调谐、高频等电路中。

（1）电容器的常见种类

电容器按材料介质可分为气体介质电容器、纸质电容器、瓷质电容器、云母电容器、陶瓷电容器和电解电容器等。图 3-4 列出了几种常见电容器的实物图。

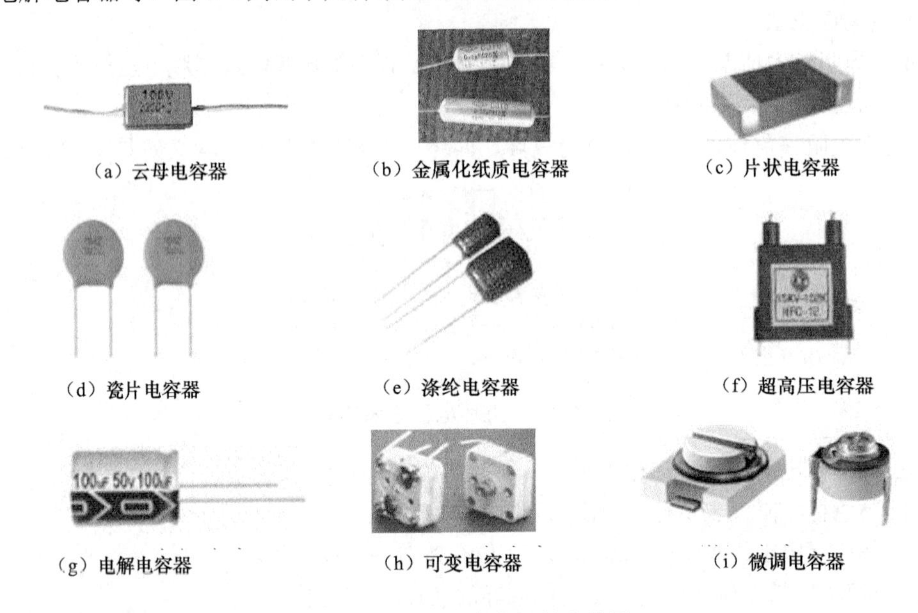

（a）云母电容器 （b）金属化纸质电容器 （c）片状电容器
（d）瓷片电容器 （e）涤纶电容器 （f）超高压电容器
（g）电解电容器 （h）可变电容器 （i）微调电容器

图 3-4 几种常用电容器的实物图

（2）电容器的主要参数

① 电容量。

电容量是指电容器储存电荷的能力，简称电容。SI（国际单位制）单位是法拉（F）。其他常用的单位还有：毫法（mF）、微法（μF）、纳法（nF）和皮法（pF）。它们之间的换算关系为

$$1F = 10^3\ mF = 10^6 \mu F = 10^9\ nF = 10^{12}\ pF$$

在电容器上标注的电容量值，称为标称容量。电容器的标称容量与其实际容量之差，再除以标称容量所得的百分比，就是允许误差。电容器允许误差一般分为 01、02、Ⅰ、Ⅱ、Ⅲ、Ⅳ、Ⅴ和Ⅵ等 8 个等级。误差等级有时也用英语字母表示，如 J、K、M、N。

② 电容器的额定耐压。

电容器的额定耐压是指在规定温度范围下，电容器正常工作时能承受的最大直流电压。耐压值一般直接标在电容器上，有些电解电容器在正极根部用色点来表示耐压等级，如 6.3 V 用棕色，10 V 用红色 16 V 用灰色。电容器使用时不允许超过耐压值，否则电容器就可能损坏或被击穿，甚至爆炸。

（3）电容器的标志内容及方法

① 型号命名方法

根据国家标准，电容器型号命名由四部分内容组成，其中第三部分作为补充说明电容器的某

些特征，如无说明，则只需三部分组成，即两个字母一个数字。大多数电容器都由三部分内容组成。型号命名格式如图 3-2 所示。

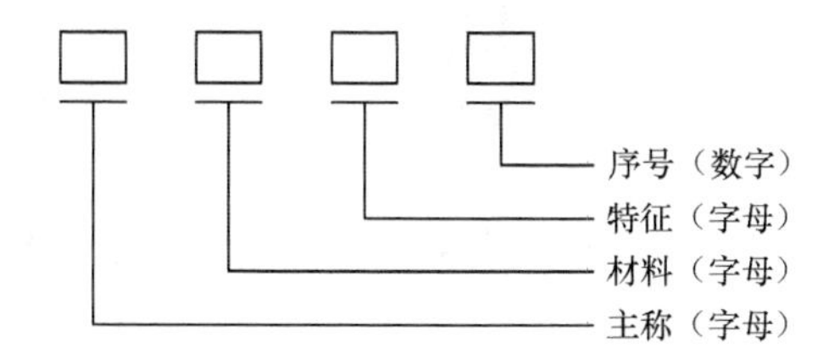

图 3-5　电容器型号命名格式

例如：CY510 Ⅰ——　云母电容，Ⅰ级精度（±5%）510 pF；

CLl n K——涤纶电容，K 级精度（±10%）l nF；

CC224——　瓷介质电容，Ⅲ级精度（±20%）0.22μF。

一般电容器主体上除标上述符号外，还标有标称容量、额定电压、精度与技术条件等。

② 容量的标志方法

a．字母数字混合标法

字母数字混合标法中，数字表示有效数值，字母表示数值的单位。字母有时既表示单位也表示小数点。如：3p3 表示 3.3 pF，μ22 表示 0.22μF，3n9 表示 3.9 nF。

b．数字直接表示法

数字直接表示法用 1～4 数字表示，不标单位。当数字部分大于 1 时，其单位为 pF；当数字部分大于 0 小于 1 时，其单位为 μF。如：2200 表示 2200 pF，0.1 表示 0.1 μF。

c．数码表示法

数码表示法一般用三位数字来表示容量的大小，单位为 pF。前两位为有效数字，后一位表示位率，即乘以 10^i（i 为第三位数字）。若第三位为数字 9 或者 8，则乘以 10^{-1} 或者 10^{-2}。如 224 代表 22×10^4 pF，即 0.22μF；229 代表 22×10^{-1} pF，即 2.2 pF。

d．色码表示法

这种表示法与电阻器的色环表示法类似，颜色涂于电容器的一端或从顶端向引线排列。色码一般只有 3 种颜色，前两环为有效数字，第三环为位率，单位为 pF。有时色环比较宽，如红红橙，两个红色环涂成一个宽的，表示 22000 pF。

3．电感器

电感器（简称电感）是把导线（漆包线、纱包或裸导线）一圈靠一圈（导线间彼此互相绝缘）地绕在绝缘管（绝缘体、铁芯或磁芯）上制成的，它有时也绕成空芯的。电感器也称为电感线圈（简称线圈）。

电感器具有电磁转换以及“通直流、阻交流，通低频、阻高频”的特性，它广泛应用于调谐、振荡、耦合、匹配、扼流以及滤波等电路中。由于其用途、工作频率、功率、工作环境不同，对电感器的基本参数和结构形式就有不同的要求，从而导致电感器的类型和结构多样化。

（1）常见电感器

电感器的种类很多，结构和外形各不相同。按其外形可分为固定电感器、可变电感器和微调电感器三类；按线圈内有无磁芯或磁芯所用材料，又可分为空芯线圈、磁芯线圈以及铁芯线圈等；按用途分，有高频扼流线圈、低频扼流线圈、调谐线圈、退耦线圈等。图 3-6 列出了常见的几种电感器的实物图。

图 3-6　常见电感器的实物图

（2）电感器的主要参数

① 电感量标称值与误差

电感量的 SI 单位是亨利（H），常用单位还有毫亨（mH）、微亨（μH），它们之间的换算关系为：

$$1\text{H}=10^3\text{mH}=10^6\,\mu\text{H}。$$

电感量表示了线圈本身固有特性，与电流大小无关。除专门的电感线圈（色码电感）外，电感量一般不专门标注在线圈上，而以特定的名称标注。

误差是指电感量实际值与标称值之差除以标称值所得的百分数。振荡线圈误差一般要求较高，而如耦合阻流线圈则要求较低。

② 品质因素。电感器的品质因素 Q 是表示线圈质量的一个重要物理量。线圈的 Q 值愈高，回路的损耗愈小。线圈的 Q 值与导线的直流电阻、骨架的介质损耗、屏蔽罩或铁芯引起的损耗、高频趋肤效应的影响等因素有关。线圈的 Q 值通常为几十到几百。采用磁芯线圈，多股粗线圈均可提高线圈的 Q 值。

③ 标称电流。标称电流是指线圈允许通过的电流大小，通常用字母 A、B、C、D、E 分别表示，标称电流值为 50 mA 、150 mA 、300 mA 、700 mA 、1600 mA 。

④ 分布电容

线圈的匝与匝间、线圈与屏蔽罩间、线圈与地之间存在的电容被称为分布电容。分布电容的存在使线圈的 Q 值减小，稳定性变差，因而线圈的分布电容越小越好。采用分段绕法可减少分布电容。

3.1.2 常用绝缘材料

绝缘材料又称电介质，其电阻率大于 $10^9\Omega\cdot m$，它在外加电压的作用下，只有很微小的电流通过，这就是通常所说的不导电物质。绝缘材料的主要功能是将带电体与不带电体相隔离，将不同电位的导体相隔离，以确保电流的流入与人身安全。在某些场合，它还起支撑、固定、灭弧、防晕、防潮等作用。

1. 绝缘材料的分类

（1）分类

电工常用的绝缘材料按其化学性质不同，可分为无机绝缘材料、有机绝缘材料和混合绝缘材料。

① 无机绝缘材料：有云母、石棉、大理石、瓷器、玻璃、硫黄等，主要用作电机、电气的绕组绝缘、开关的底板和绝缘子等。

② 有机绝缘材料：有虫胶、树脂、橡胶、棉纱、纸、麻、蚕丝、人造丝，大多用于制造绝缘漆、绕组导线的被覆绝缘物等。

③ 混合绝缘材料：由以上两种材料加工制成的各种成型绝缘材料，用作电器的底座、外壳等。

2. 绝缘材料的基本性能

（1）耐热性

耐热性是指绝缘材料承受高温而不改变介电、机械等特性的能力。通常，电气设备的绝缘材料长期在热态下工作，其耐热性是决定绝缘性能的主要因素。

（2）绝缘强度

绝缘材料在高于某一极限数值的电压作用下，通过电介质的电流将会突然增加，这时绝缘材料被破坏而推动绝缘性能，这种现象称为电介质的击穿。电介质发生击穿时的电压称为击穿电压。单位厚度的电介质被击穿时的电压称为绝缘强度，也称击穿强度，单位为kV/mm。

（3）力学性能

绝缘材料的机械性能也有多种指标，其中主要一项是抗张强度，它表示绝缘材料承受力的能力。

3. 电工绝缘材料

（1）电工塑料

塑料是由合成树脂或天然树脂、填充剂、增塑剂和添加剂等配合而成的高分子绝缘材料。它具有密度小、机械强度高、介电性能好、耐热、耐腐蚀、易加工等优点，在一定的温度压力下可以加工成各种规格、形状的电工设备绝缘零件，是主要的导线绝缘和护层材料。

（2）电工橡胶

橡胶分天然橡胶和人工合成橡胶两类。

① 天然橡胶由橡胶树分泌的浆液制成，主要成分是聚异戊二烯，其抗张强度、抗撕性和回弹性一般比合成橡胶好，但不耐热，易老化，不耐臭氧，不耐油和不耐有机溶液，且易燃。天然橡胶适合制作柔软性、弯曲性和弹性要求较高的电线电缆绝缘和护套，长期使用温度为60～65℃，耐电压等级可达6 kV。

② 合成橡胶是碳氢化合物的合成物，主要用作电线电缆的绝缘和护套材料。

（3）绝缘薄膜

绝缘薄膜是由若干高分子聚合物，通过拉伸、浸、车削、碾压和吹塑等方法制成。选择不同材料和方法可以制成不同特性和用途的绝缘薄膜。电工用绝缘薄膜厚度为0.006～0.5mm，具有柔软、耐潮、电气性能和机械性能好的特点，主要用作电机、电器线圈和电线电缆的绝缘以及电容器介质。

（4）绝缘胶带

电工用绝缘胶带有三类：织物胶带、薄膜胶带和无底材胶带。

织物胶带是以无碱玻璃布或棉布为底材，涂以胶黏剂，再经烘焙、切带而成的。薄膜胶带是在薄膜的一面或两面涂以胶黏剂，再经烘焙、切带而成。无底材胶带由硅橡胶或丁基橡胶和填料、硫化剂等经混炼、挤压而成。绝缘胶带多用于导线、线圈的绝缘，其特点是在缠绕后自行粘牢，使用方便，但应注意保持粘面清洁。

黑胶布是最常用的绝缘胶带，又称绝缘胶布带、黑包布、布绝缘胶带，是电工用途最广、用量最多的绝缘胶带。黑胶布是在棉布上刮胶、卷切而成的。胶浆由天然橡胶、炭黑、松香、松节油、重质碳酸钙、沥青及工业汽油等制成，有较好的黏着性和绝缘性能。它适用于为交流电压380 V以下（含380 V）的电线、电缆做包扎绝缘，在-10℃～40℃环境范围使用。使用时，不必借用工具即可撕断，操作方便。

3.1.3 常用导电材料

导电材料的主要用途是输送和传递电流，是相对绝缘材料而言的，能够通过电流的物体称为导电材料，其电阻率与绝缘材料相比大大降低，一般都在0.1 Ω/m以下。作为导电材料应考虑如下几个因素。

- 导电性能好（即电阻系数小）；
- 有一定的机械强度；
- 不易氧化和腐蚀；
- 容易加工和焊接；
- 资源丰富，价格便宜。

（1）铜和铝

铜的导电性能强，电阻率为 1.724×10^{-8} Ω/m。因其在常温下具有足够的机械强度，延展性能良好，化学性能稳定，故便于加工，不易氧化和腐蚀，易焊接。常用导电用铜是含铜量在99.9%以上的工业纯铜。电机、变压器上使用的是含铜量在99.5%～99.95%的纯铜，俗称紫铜，其中硬铜用作导电的零部件，软铜用作电机、电器等线圈。杂质、冷变形、温度和耐腐蚀性等是影响性能的主要因素。

铝的导电性及耐腐蚀性能好，易于加工，其导电性能、机械强度稍逊于铜。铝的电阻率为 2.864×10^{-8} Ω/m，但铝的密度比铜小（仅为铜的33%），因此导电性能相同的两根导线相比较，铝导线的截面积虽比铜导线大1.68倍，但质量反比铜导线轻了约一半。而且铝的资源丰富、价格低廉，是目前推广使用的导电材料。目前，架空线路、照明线路、动力线路、汇流排、变压器和中、小型电机的线圈仍广泛应用铜导线。与铜一样，影响铝性能的主要有杂质、冷变形、温度和耐腐蚀性等。

（2）裸导线

导线又称电线，是用来输送电能的。在内外线安装工程中，常用的导线分为裸导线和绝缘导线两大类。裸导线是指导体外表面无绝缘层的电线。

① 裸导线的性能

裸导线应有良好的导电性能，有一定的机械强度，裸露在空气中不易氧化和腐蚀，容易加工和焊接，并且导体材料应资源丰富，价格便宜。常用来制作导线的材料有铜、铜锡合金（青铜）、铝和铝合金、钢材等。

裸导线包括各种金属和复合金属圆单线、各种结构和架空输电线用的绞线、软接线和硬接线等，某些特殊用途的导线，也可采用其他金属或合金制成。如对于负荷较大、机械强度要求较高的线路，则应采用钢芯铝绞线；熔断器的熔体、熔片需具有易熔的特点，应选用铅锡合金；电热材料需具有较大的电阻系数，常选用镍铬合金或铁铬合金；电光源的灯丝要求熔点高，需选用钨丝等。裸导线分单股和多股两种，主要用于室外架空线。常用的裸导线有铜绞线、铝绞线和钢芯铝绞线。

② 规格型号

裸导线常用文字符号表示为："T"表示铜，"L"表示铝，"Y"表示硬性，"R"表示软性，"G"表示钢芯，"J"表示绞合线。

例如：TJ-25，表示25 mm^2铜绞合线；LJ-35，表示35 mm^2铝绞合线；LGJ-50，表示50 mm^2钢芯铝绞线。

常用的截面积有：16 mm^2、25 mm^2、35 mm^2、50 mm^2、70 mm^2、95 mm^2、120 mm^2、150 mm^2、185 mm^2、240 mm^2等。

（3）绝缘导线

绝缘导线是指导体外表有绝缘层的导线。绝缘层的主要作用是隔离带电体或不同电位的导体，使电流按指定的方向流动。

根据其作用，绝缘导线可分为电气装备用绝缘导线和电磁线两大类。

电气装备用绝缘导线包括：将电能直接传输到各种用电设备、电器的电源连接线，各种电气设备内部的装接线，以及各种电气设备的控制、信号、继电保护和仪表用电线。

电气装备用绝缘线的芯线多由铜、铝制成，可采用单股或双股。它的绝缘层可采用橡胶、塑料、棉纱、纤维等。绝缘导线分塑料和橡皮绝缘线两种。常用的绝缘导线符号有：BV——铜芯塑料线，BLV——铝芯塑料线，BX——铜芯橡皮线，BLX——铝芯橡皮线。绝缘导线常用截面积有：0.5 mm^2、1 mm^2、1.5 mm^2、2.5 mm^2、4 mm^2、6 mm^2、10 mm^2、16 mm^2、25 mm^2、35 mm^2、50 mm^2、70 mm^2、95 mm^2、120 mm^2、150 mm^2、185 mm^2、240 mm^2、300 mm^2、400 mm^2。

① 塑料线

塑料线的绝缘层为聚氯乙烯材料，故又称为聚氯乙烯绝缘导线。按芯线材料可分为塑料铜线和塑料铝线。塑料铜线与塑料铝线相比，其突出特点是：在相同规格条件下，载流量大，机械强度好，但价格相对昂贵。塑料铜线主要用于低压开关柜、电器设备内部配线及室内、户外照明和动力配线，用于室内、户外配线时，必须配相应的穿线管。

塑料铜线按芯线根数可分成塑料硬线和塑料软线。塑料硬线有单芯和多芯之分，单芯规格一般为1～6 mm^2，多芯规格一般为10～185 mm^2，如图3-7（a）所示。塑料软线为多芯，其规格一般为0.1～95 mm^2，如图3-7（b）所示。这类电线柔软，可多次弯曲，外径小而质量轻，它在家用电器和照明中应用极为广泛，在各种交直流的移动式电器、电工仪表及自动装置中也适用。常用的有RV型聚氯乙烯绝缘单芯软线。塑料铜线的绝缘电压一般为500 V。塑料铝线全为硬线，亦有单芯和多芯之分，其规格一般为1.5～185 mm^2，绝缘电压为500 V。

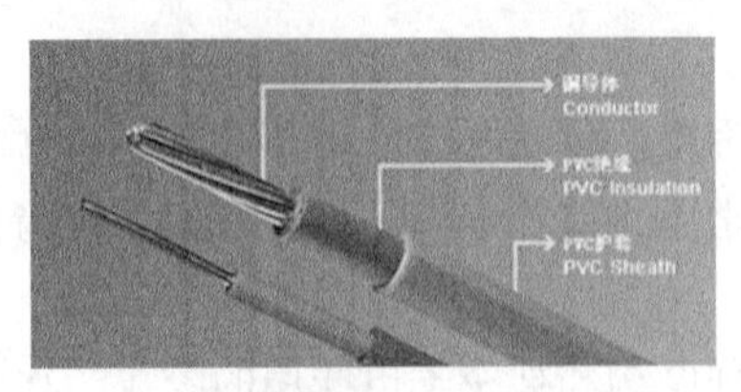

（a）塑料硬线

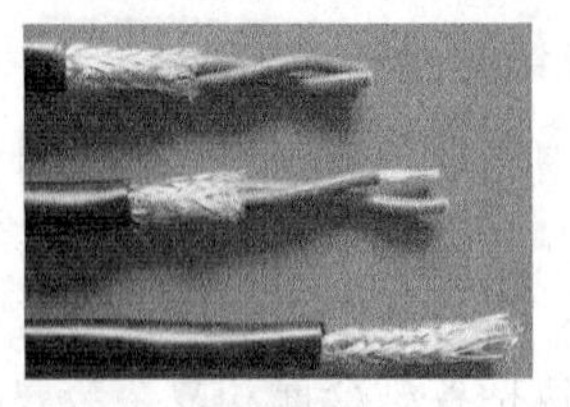

（b）塑料软线

图 3-7　塑料线

② 橡皮线

橡皮线的绝缘层外面附有纤维纺织层，按芯线材料可分成橡皮铜线和橡皮铝线，其主要特点是绝缘护套耐磨，防风雨日晒能力强。RXB 型棉纱纺织橡皮绝缘平型罗线和 RXS 型软线也常用作家用电器、照明用吊灯电源线。使用时要注意工作电压，大多为交流 250 V 或直流 500 V 以下。RVV 型则用于交流 1000 V 以下。橡皮铜线规格一般为 1～185 mm^2，橡皮铝线规格为 1.5～240 mm^2，其绝缘电压一般均为 500 V，主要用于户外照明和动力配线，架空时亦可明敷。

③ 漆包线

漆包线是电磁线的一种，由铜材或铝材制成。其外涂有绝缘漆作为绝缘保护层。漆包线特别是漆包铜线，漆膜均匀、光滑柔软，有利于线圈的自动绕制，广泛用于中小型电工产品中。漆包线也有很多种，按漆膜及作用特点可分为普通漆包线、耐高温漆包线、自粘漆包线、特种漆包线等，其中普通漆包线是一般电工常用的品种，如 Q 型油性漆包线、QQ 型缩醛漆包线、QZ 型聚酯漆包线。

④ 护套软线

护套软线绝缘层由两部分组成：其一为公共塑料绝缘层，将多根芯线包裹在里面；其二为每根软铜芯线的塑料绝缘层。其规格有单芯、两芯、三芯、四芯、五芯等，且每根芯线截面积较小，一般为 0.1～2.5 mm^2。护套软线常用作照明电源线或控制信号线，它还可以在野外一般环境中用作轻型移动式电源线和信号控制线。此外，还有塑料扁平线或平行线等。各种常用电线型号及主要用途见表 3-4。

表 3–4　各种常用电线型号及主要用途

名称	型号	主要用途
铜芯塑料绝缘线	BV	室内外电器、动力、照明等固定敷设
铝芯塑料绝缘线	BLV	室内外电器、动力、照明等固定敷设
铜芯塑料绝缘软线	BVR	室内外电器、动力、照明等固定敷设，适宜安装要求电线较柔软的场合
橡皮花线	BXH	室内电器、照明等固定敷设，适宜安装要求电线较柔软的场合
铜芯塑料绝缘护套软线	RVV	电器设备、仪表等引接线、控制线

（4）电缆

将单根或多根导线绞合成线芯，裹以相应的绝缘层，再在外面包密封包皮（铅、铝、塑料等）的称之为电缆。电缆种类繁多，按用途分就有电力电缆、通信电缆、控制电缆等。最常用的电力电缆是输送和分配大功率电力的电缆。与导线相比其突出特点是：外护层（护套）内包含一根至多根规格相同或不同的聚氯乙烯绝缘导线，导线的芯线有铜芯和铝芯之分，敷设方式有明敷、埋地、穿管、地沟、桥架等。

电力电缆由导电线芯（缆芯）、绝缘层和保护层 3 个主要部分构成，如图 3-8 所示。

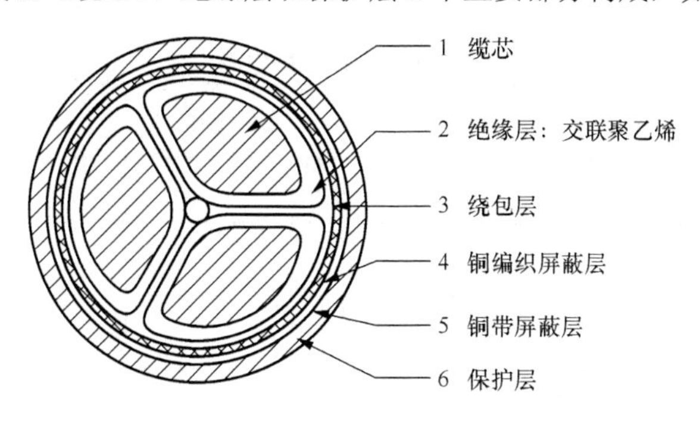

图 3-8 电力电缆结构图

① 缆芯通常采用高导电率的铜或铝制成，截面有圆形、半圆形、扇形等，均有统一的标称等级。线芯有单芯、双芯、三芯和四芯等几种。当线芯截面大于 25 mm^2 时，通常采用多股导线绞合，经压紧成型，以便增加电缆的柔软性并使结构稳定。

② 绝缘层的主要作用是防止漏电和放电，将线芯与线芯、线芯和保护层互相绝缘和隔开。绝缘层通常采用纸、橡皮、塑料等材料，其中纸绝缘应用最广，它经过真空干燥再放到松香和矿物油混合的液体中浸渍以后，缠绕在电缆导电线芯上。对于双芯、三芯和四芯电缆，除每相线芯分别包有绝缘层外，在它们绞合后外面再用绝缘材料做统包绝缘。

③ 电缆外面的保护层主要起机械保护作用，保护线芯和绝缘层不受损伤。保护层分内保护层和外保护层。内保护层保护绝缘层不受潮并防止电缆浸渍剂外流，常用铝或铅、塑料、橡胶等材料制成。外保护层保护绝缘层不受机械损伤和化学腐蚀，常用的有沥青麻护层、钢带铠等几种。

【练一练】

1. 万用表测量色标电阻。

实训流程如下。

（1）观察电阻的外部质量。

（2）根据色标电阻的色环颜色，读出色标读数。

（3）选择合适的倍率挡。

注：万用表欧姆挡的刻度线是不均匀的，所以倍率挡的选择应使指针停留在刻度线较稀的部分为宜，且指针越接近刻度尺的中间，读数越准确。一般情况下，应使指针指在刻度尺的 1/3～2/3。

（4）欧姆调零。

测量电阻之前，应将 2 个表笔短接，同时调节“欧姆（电气）调零旋钮”，使指针刚好指在欧姆刻度线右边的零位。如果指针不能调到零位，说明电池电压不足或仪表内部有问题。并且每换一次倍率挡，都要再次进行欧姆调零，以保证测量准确。

（5）读数。

将两根表笔分别接触被测电阻（或电路）两端，读出指针在欧姆刻度线（第一条线）上的读数，再乘以倍率，就是所测电阻的阻值。例如用 $R\times100$ 挡测量电阻，指针指在 50，则所测得的电阻值为 $50\times100=5\text{k}\Omega$。

测量结果请填入表 3-5 中。

表 3–5 电阻值的识别与检测

序号	色环颜色	色标读数	量程选择	实测值	误差比例

2. 万用表测量色标电阻、电容器。

实训流程如下。

（1）用万用表检测电容器的好坏。

用指针式万用表欧姆挡的 $R\times1$ kΩ或 $R\times10$kΩ，通过测量电容器的充放电过程，可对电容器的质量做粗略判断。

若电容器有充放电过程，且表针最终能回到∞处，则电容器基本正常。若万用表的指针始终指向零处，则电容器已短路。若万用表的指针始终不动，指向无穷处，则电容已断路，以上两种电容器都属于损坏，不能正常工作。

上述检测方法对于 5000 pF 及其以上的电容器较为适用。对于容量较小的电容器以及电容器的其他参数则需要通过专用仪器进行检测。

（2）用万用表判断电解电容的极性。

电解电容器的介质是一层极薄的附着在金属极板上的氧化膜，氧化膜具有单向导电的性质，因此在使用时，应注意电解电容器的极性要求。

一般电解电容都具有极性标志，若标记不清可借万用表判断其极性。

用万用表欧姆挡检查其漏电电阻值，然后交换表笔再测一次，以漏电电阻值较小的一次确定，黑表笔所接的一端是电解电容的正极“+”，红表笔所接的一端则是电解电容的负极“-”。注意每次测试前都应将电容器两极引线“短触”一下，放电后再测。测量结果请填入表 3-6 中。

表 3–6 电容器的识别与检测

电容器标志	电容器名称	电容值	额定耐压	误差	质量检测（好、坏）

3. 认识常用绝缘材料和导电材料。

实训任务 3.2 导线的连接

导线的连接总的来讲可以分以下 4 个步骤：剥切绝缘层、线芯连接、接头焊接或压接、恢复绝缘层。

导线连接的基本要求如下。

（1）接触紧密，接头电阻不应大于同长度、同截面导线的电阻值。

（2）接头的机械强度不应小于该导线机械强度的 80%。

（3）接头处应耐腐蚀，防止受外界气体的侵蚀。

（4）接头处的绝缘强度与该导线的绝缘强度应相同。

3.2.1 剥切绝缘层

绝缘导线连接前，应先剥去导线端部的绝缘层，并将裸露的导体表面清擦干净。剥去绝缘层的长度一般为 5～10cm，截面积小的单股导线剥去长度可以小些，截面积大的多股导线剥去长度应大些。

1. 塑料硬线绝缘层的剖削

（1）4 mm^2 及以下塑料硬线的剖削方法

① 用左手捏住导线，根据所需线头长度用钢丝钳的钳口切割绝缘层，但不可切入芯线。

② 用右手握住钢丝钳头部用力向外移，勒去塑料绝缘层，如图 3-9 所示。

③ 剖削出的芯线应保持完整无损。如果芯线损伤较大，则应剪去该线头，重新剖削。

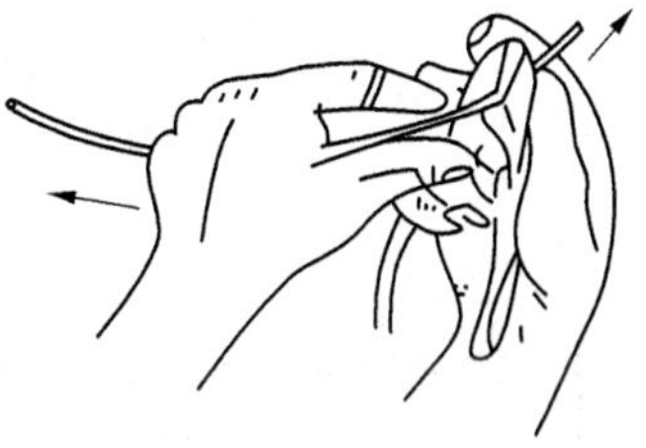

（2）4mm^2 以上塑料硬线的剖削方法

① 根据所需线头长度，用电工刀以 45° 角倾斜切入塑料绝缘层，如图 3-10（a）所示，应使刀口刚好削透绝缘层而不伤及芯线。

② 使刀面与芯线间的角度保持 25° 角左右，用力要均匀，向线端推削。注意不要割伤金属芯线，削去上面一层塑料绝缘，如图 3-10（b）所示。

图 3-9 剖削塑料硬线绝缘层

③ 将剩余的绝缘层向后扳翻，然后用电工刀齐根削去，如图 3-10（c）和图 3-10（d）所示。

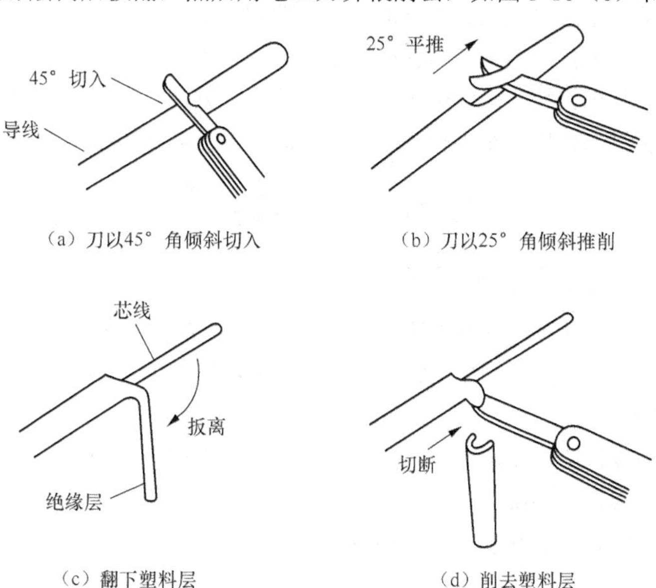

（a）刀以45° 角倾斜切入　（b）刀以25° 角倾斜推削

（c）翻下塑料层　（d）削去塑料层

图 3-10 电工刀剖削塑料硬线绝缘层

2. 塑料软线绝缘层的剖削

塑料软线绝缘层只能用剥线钳或钢丝钳剖削。用钢丝钳剖削的方法同塑料硬线。

剥线钳是用于剥削小直径导线头绝缘层的专用工具，使用时把要剥削的导线绝缘层长度定好，右手握住钳柄，用左手将导线放入相应的刃口槽中，右手将钳柄向内一握，导线的绝缘层即被剥割拉开，自动弹开。注意，塑料软线绝缘层不可用电工刀来剖削，因为塑料软线太软，并且芯线又由多股导线组成，用电工刀剖削容易剖伤线芯。

3. 花线绝缘层的剖削

花线绝缘层分外层和内层，外层是柔韧的棉纱编织物，内层是橡胶绝缘层和棉纱层。其剖削方法如下。

（1）在所需线头长度处用电工刀在棉纱织物保护层四周割切一圈，将棉纱织物拉去。

（2）在距棉纱织物保护层 1 cm 处，用钢丝钳的刀口切割橡胶绝缘层，注意不可操作芯线。

（3）将露出的棉纱层松开，用电工刀割断，如图 3-11 所示。

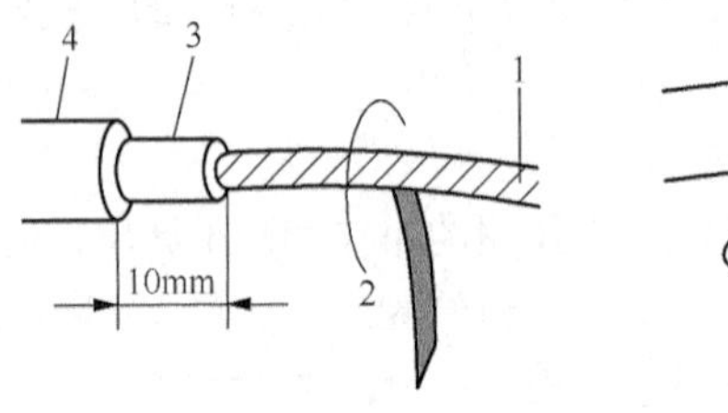

（a）去除编织层和橡皮绝缘层

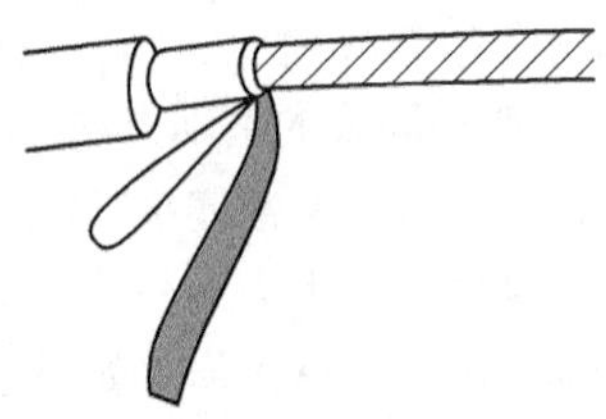
（b）扳翻棉纱

图 3-11 花线绝缘层的剖削

1—线芯； 2—棉纱； 3—橡皮绝缘层；4—棉纱编层

4. 塑料护套线绝缘层的剖削

塑料护套线绝缘层由公共护套层和每根芯线的绝缘层两部分组成。公共护套层只能用电工刀来剖削，剖削方法如下。

（1）按所需线头长度用电工刀刀尖对准芯线缝隙划开护套层。

（2）将护套层向后扳翻，用电工刀齐根切去。

（3）用钢丝钳或电工刀按照剖削塑料硬线绝缘层法，分别将每根芯线的绝缘层剖除。钢丝钳或电工刀切入绝缘层时，切口应距离护套层 0.5～1cm，如图 3-12 所示。

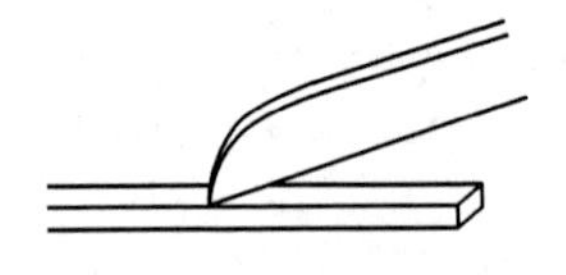
（a）刀在芯线缝隙间划开护套层

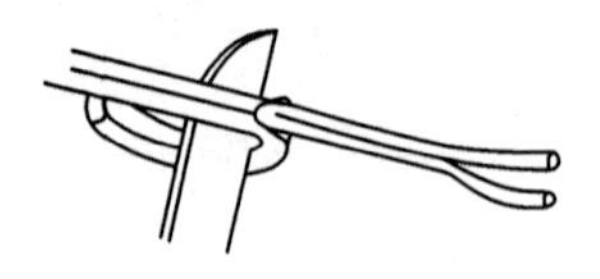
（b）扳翻护套层并齐根切去

图 3-12 塑料护套绝缘层的剖削

5. 铅包线绝缘层的剖削

铅包线绝缘层由外部铅包层和内部芯线绝缘层组成，内部芯线绝缘层用塑料（塑料护套）或橡胶（橡胶护套）制成，其剖削方法如下。

（1）先用电工刀将铅包层切割一刀，如图 3-13（ a ）所示。

（2）用双手来回扳动切口处，使铅包层沿切口折断，把铅包层拉出来，如图 3-13（ b ）所示。

（3）内部绝缘层的剖削方法与塑料线绝缘层或橡胶绝缘的剖削方法相同，如图 3-13（ c ）所示。

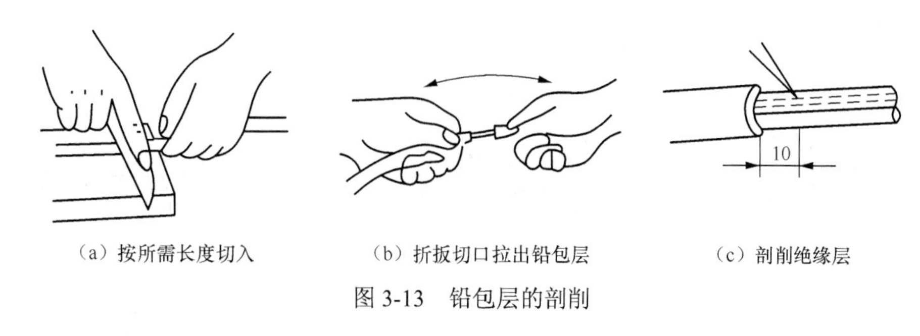

（a）按所需长度切入　（b）折扳切口拉出铅包层　（c）剖削绝缘层

图 3-13　铅包层的剖削

3.2.2　线芯连接

当芯线长度不足或要分接支路时，就要将芯线连接。常用绝缘导线的芯线股数有单股、7 股和 19 股等，其连接方法随芯线材质与股数的不同而各不相同。

1. 铜芯单股导线的连接

（1）单股电线的直接连接

将单股铜芯导线直接连接时，先将两导线芯线线头呈 X 形相交，互相绞合 2～3 圈后扳直两线头，再将每个线头在另一芯线上紧贴并绕 6 圈，用钢丝钳切去余下的芯线，并钳平芯线末端，如图 3-14 所示。

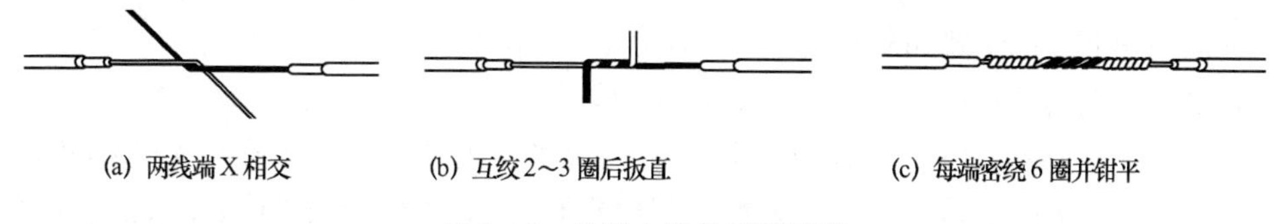

(a) 两线端 X 相交　(b) 互绞 2～3 圈后扳直　(c) 每端密绕 6 圈并钳平

图 3-14　单股电线的直接连接

（2）单股电线的 T 字形分支连接

将支路芯线的线头与干路芯线十字相交，在支路芯线根部留出 5mm，然后顺时针方向缠绕支路芯线，缠绕 6～8 圈后，用钢丝钳切去余下芯线，并钳平芯线末端，如图 3-15 所示。

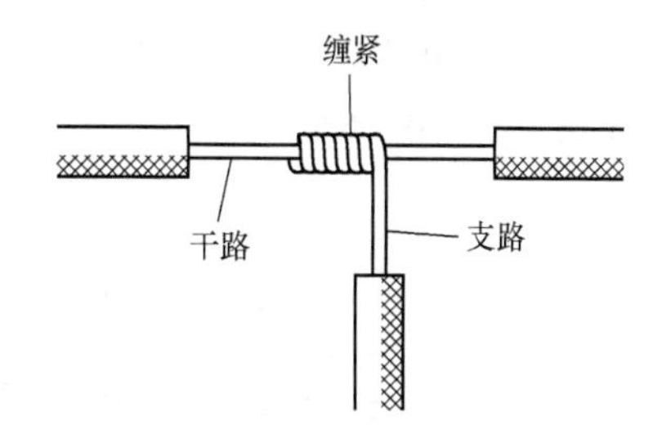

图 3.15　单股电线的 T 字形分支连接

2. 7 股铜芯导线的连接

（1）7 股铜芯导线的直接连接

① 剥去导线的绝缘层，露出芯线线头。

② 把芯线松散开，并钳直每根芯线。

③ 把靠近绝缘层 1/3 线段的芯线铰紧，并把每根芯线扳成伞状，如图 3-16（a）所示。

④ 把两个伞形芯线隔根对叉，必须相对插到底，如图 3-16（b）所示。

⑤ 捏平交叉插入的芯线，并理直每股芯线，使每股芯线的间隔均匀，同时用钢丝钳钳紧叉口处以消除空隙，如图 3-16（c）所示。

⑥ 把一端任意相邻的 2 根芯线折起，呈 90°，再把这两股芯线按顺时针方向缠 2 圈后，再折回 90° 并平卧在折起前的轴线位置上，如图 3-16（d）所示。

⑦ 把同一端另外 2 根相邻芯线折起，呈 90º，再把这两股芯线按顺时针方向紧缠 2 圈后，再折回 90° 并平卧在折起前的轴线位置上，如图 3-16（e）所示。

⑧ 把余下的 3 根芯线按顺时针方向紧缠 2 圈后，把前 4 根芯线在根部分别切断，并钳平，3 根芯线缠足 3 圈，然后剪去余端，钳平切口，不留毛刺，如图 3-16（f）所示。

⑨ 用同样的方法再缠绕另一侧芯线。

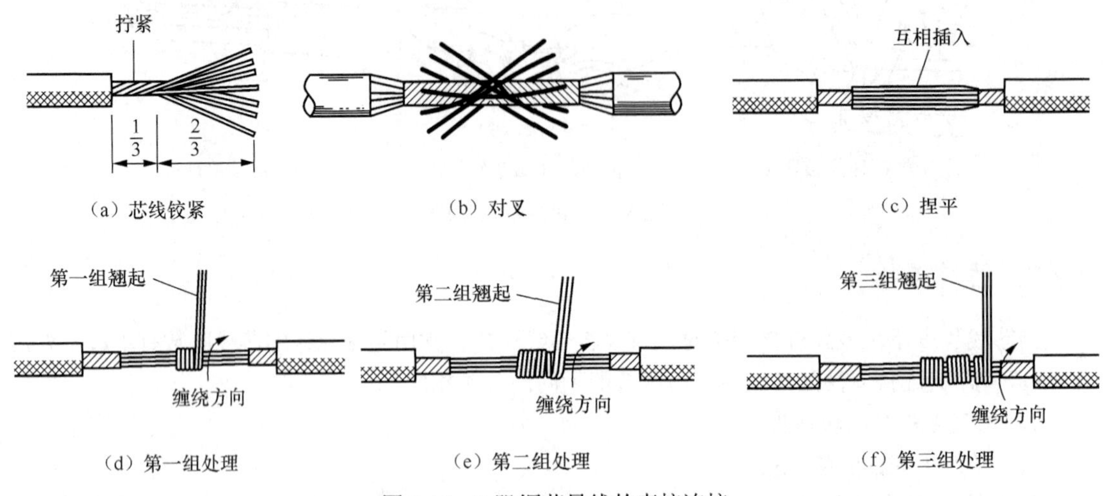

图 3-16 7 股铜芯导线的直接连接

(2) 7 股铜芯导线的 T 形分支连接

① 剖削露出芯线的干路和支路线头，如图 3-17 (a) 所示。

② 把支路线头的芯线松散开，并钳直每根芯线。

③ 把紧靠绝缘层 1/8 线段的芯线绞紧，并把余下的线段分成两组，一组 4 根，另一组 3 根，并排齐。

④ 用旋凿把干路的芯线撬开，并也分为两组，把 4 根的支路芯线插入干路芯线中，如图 3-17 (b) 所示。

⑤ 把 3 根芯线的一组在干路右边按顺时针方向紧紧缠绕 4 圈，切去余下的芯线，并钳平线端，如图 3-17 (c) 所示。

⑥ 把 4 根芯线的一组在干路左边按逆时针方向紧紧缠绕 4 圈，切去余下的芯线，并钳平线端，如图 3-17 (d) 所示。

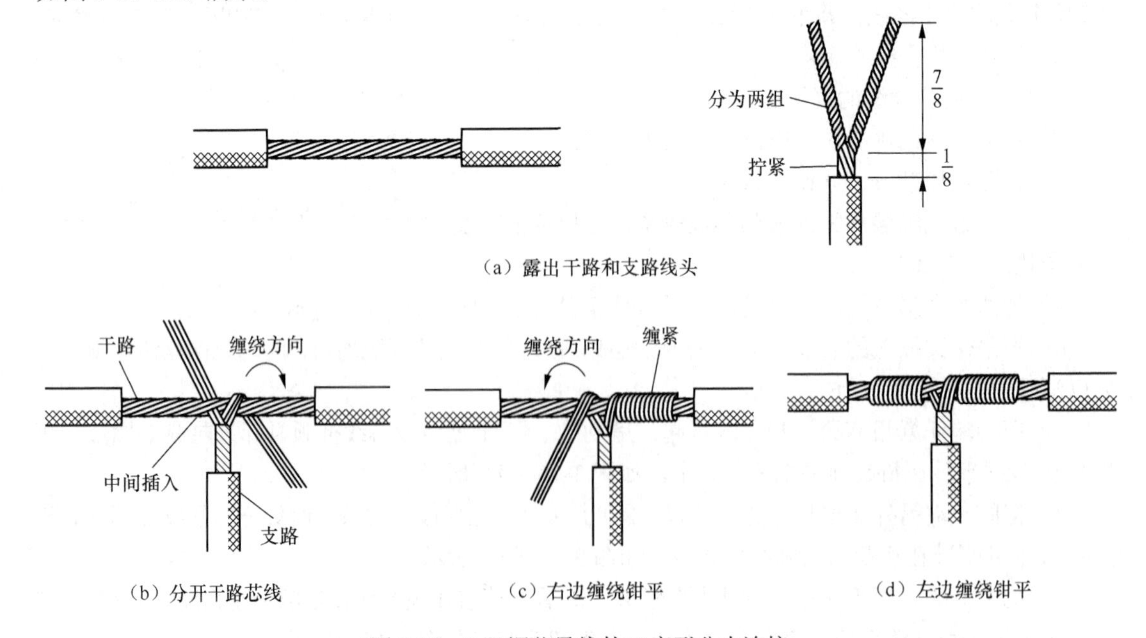

图 3-17 7 股铜芯导线的 T 字形分支连接

3. 19 股铜芯导线的连接

（1）19 股铜芯导线的直接连接

19 股铜芯导线的直接连接与 7 股铜芯导线的直接连接方法基本相同。由于 19 股导线的股数较多，可剪去中间的几股，按要求在根部留出长度绞紧，隔股对叉，分组缠绕。连接后，在连接处应进行钎焊，以增加其机械强度和改善其导电性能。

（2）19 股铜芯导线的 T 字形分支连接

19 股铜芯导线的 T 字形分支连接与 7 股铜芯导线的 T 字形分支连接方法也基本相同，只是将支路芯线按 9 和 10 根分为两组，将其中一组穿过中缝后，沿干线两边缠绕。连接后，也应进行钎焊。

4. 不等径铜导线的连接

若两根铜导线的直径不同，可把细导线在粗导线上紧密缠绕 5 圈，弯折粗线头端部，使它压在缠绕层上，再把细线头缠绕 3 圈，剪去余线，切平线端，如图 3-18 所示。

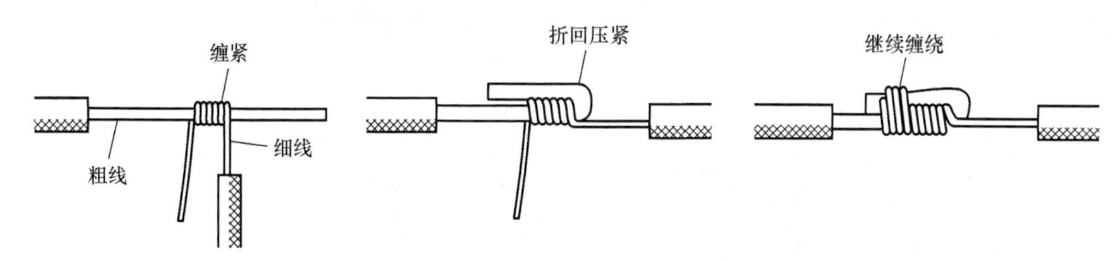

图 3-18 不等径铜导线的连接

5. 铝质单芯线的连接

由于材质不同，铝质芯线的连接不能采用像铜质电线一样的缠绕法来连接，而应采用压接管或沟线夹螺栓压接。压接管和沟线夹如图 3-19 所示。

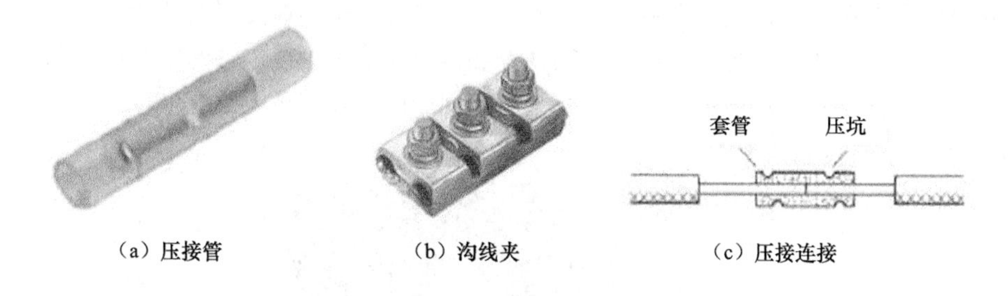

（a）压接管　（b）沟线夹　（c）压接连接

图 3-19 压接管和沟线夹

3.2.3 接头焊接或压接

1. 焊接

导线的焊接一般分为导线与导线的焊接和导线与接线端子的焊接。

（1）导线与导线的焊接

导线之间的焊接以绕焊为主，具体方法是：先在导线上去掉一定长度的绝缘皮；然后在导线端头上锡，并穿上合适套管；再将两根导线绞合，施焊；最后趁热套上套管，冷却后套管固定在接头处。对调试或维修中的临时线，也可采用搭焊的办法，只是这种接头强度和可靠性都较差，不能用于生产中的导线焊接。

（2）导线与接线端子的焊接

导线与接线端子的焊接方法有 3 种。

① 绕焊

把经过镀锡的导线端头在接线端子上缠几圈，用钳子拉紧缠牢后进行焊接。如图 3-20（a）所示。注意导线一定要紧贴端子表面，绝缘层不要接触端子，一般图中的 L 取 1～3 mm 为宜，这种连接可靠性最好。

② 钩焊

将导线端子弯成钩形，钩在接线端子上并用钳子夹紧后施焊，如图 3-20（b）所示，端头处理与绕焊相同。这种方法强度低于绕焊，但操作简便。

③ 搭焊

把经过镀锡的导线搭到接线端子上施焊，如图 3-20（c）所示。这种连接最方便，但强度、可靠性最差，仅用于临时连接或不便于缠、钩的地方及某些接插件上。

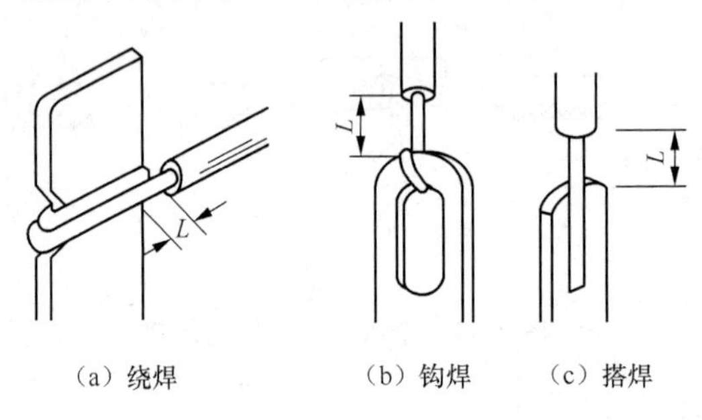

图 3-20　焊接方法

2. 压接

压接是借助机械压力，使两个或两个以上的金属物体发生塑性变形而使金属组织一体化的接合方式，是导线连接的方法之一。压接的具体方法是，先除去导线末端的绝缘层，并将它们插入压接端子，用压接工具给端子加压进行连接。压接端子用于连接导线，有多种规格可供选用，如图 3-21 所示。

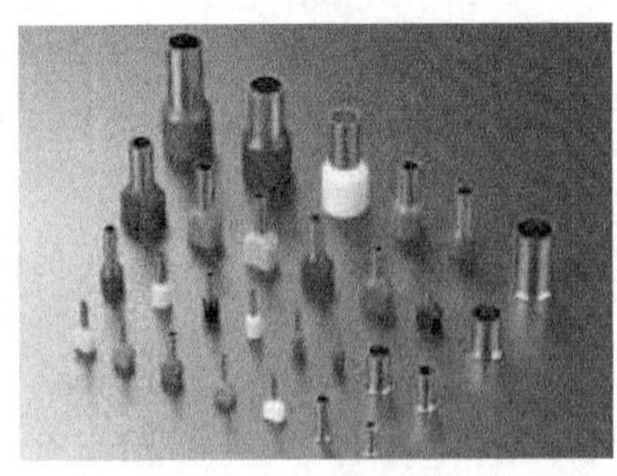

图 3-21　压接端子

（1）压接的特点

① 压接操作简便，不需要熟练的技术，任何人、任何场合都可进行操作。

② 压接不需要焊料与焊剂，不仅节省了焊接材料，而且接点清洁无污染，省去了焊接后的清洗工序，也不会产生有害气体，保证了操作者的身体健康。

③ 压接的电气接触良好，耐高温和低温，接点机械强度高。一旦压接点损伤，维修也很方便，只需剪断导线，重新剥头进行压接即可。

④ 应用范围广。压接除用于铜、黄铜以外，还可用于镍、镍铬合金、铝等多种金属导体的连接。

⑤ 克服了导线和接触件的表面氧化层，提供了不变的、气密性较好的接触。压接虽然有其优点，但也有不足之处，如压接点的接触电阻较高，手工压接有一定的劳动强度，质量不够稳定等。

（2）压接工具

压接使用的工具种类很多，根据压接工具的工作原理，分为以下几种类型。

① 手动式压接工具：如压接钳，如图3-22所示。

② 气动式压接工具：气动式压接工具可根据端子形状和电线尺寸更换压膜，它分为气压手动式压接工具和气压脚踏式压接工具两种。

③ 油压式压接工具：包括油压手动式压接工具（用于压接粗线，可根据导线尺寸更换压膜）和油压脚踏式压接工具。

④ 电动压接工具：其特点是压接面积大，最大可达325 mm^2。

⑤ 自动压接机：包括半自动压接机和全自动压接机。

半自动压接机只用来进行压接；全自动压接机是可切断导线，剥除绝缘皮，进行压接的全自动装置，可用于大批量生产。

图3-22 压接钳

（3）压接连接件的材料和涂覆

压接的导线多半是制成柔软的铜线，为能获得最佳的抗拉强度，最细的导线有时用铜合金制成。由于多股线具有柔软性和最大抗震能力，因此在压接连接中也采用多股线，导线通常经镀覆处理，一般是镀锡、锡合金、银或镍等。连接片和接触件可用黄铜、铜、镍、不锈钢、铅、铍铜、磷青铜等材料，加工成型后的性能和导线相同。

3.2.4 恢复绝缘层

为了进行连接，导线连接处的绝缘层已被去除。导线连接完成后，必须对所有绝缘层已被去除的部位进行绝缘处理，以恢复导线的绝缘性能，恢复后的绝缘强度应不低于导线原有的绝缘强度。

导线连接处的绝缘处理通常采用绝缘胶带进行缠裹包扎。一般电工常用的绝缘带有黄蜡带、涤纶薄膜带、黑胶布带、塑料胶带、橡胶胶带等。常用的绝缘胶带的宽度为20 mm，使用较为方便。

1. 一般导线接头的绝缘处理

一字形连接的导线接头可按图3-23进行绝缘处理。

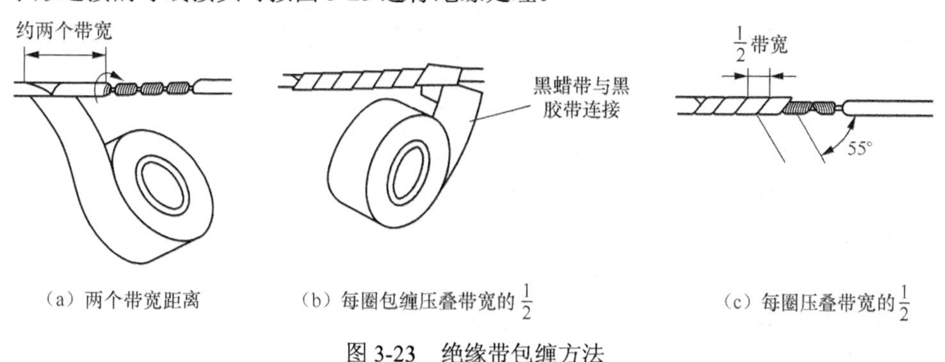

（a）两个带宽距离　（b）每圈包缠压叠带宽的$\frac{1}{2}$　（c）每圈压叠带宽的$\frac{1}{2}$

图3-23 绝缘带包缠方法

先包缠一层黄蜡带，再包缠一层黑胶布带。将黄蜡带从接头左边绝缘完好的绝缘层上开始包缠，包缠两圈后进入剥除了绝缘层的芯线部分。包缠时黄蜡带应与导线成 55° 左右倾斜角，每圈压叠带宽的 1/2，直至包缠到距离接头右边两圈的完好绝缘层处。然后将黑胶布带接在黄蜡带的尾，按另一斜叠方向从右向左包缠，仍每圈压叠带宽的 1/2，直至将黄蜡带完全包缠住。包缠处理中应用力拉紧胶带，注意不可稀疏，更不能露出芯线，以确保绝缘质量和用电完全。对于 220 V 线路，也可不用黄蜡带，只用黑胶布带或塑料胶带包缠黄蜡带，只用黑胶布带或塑料胶带包缠两层。在潮湿场所应使用聚氯乙烯绝缘胶带或涤纶绝缘胶带。

2．T 字形分支接头的绝缘处理

导线分支接头的绝缘处理基本方法同上，T 字形分支接头的包缠方向如图 3-24 所示，走一个 T 字形的来回，使每根导线上都包缠两层绝缘胶带，每根导线都应包缠到距离完好绝缘层两倍胶带宽度处。

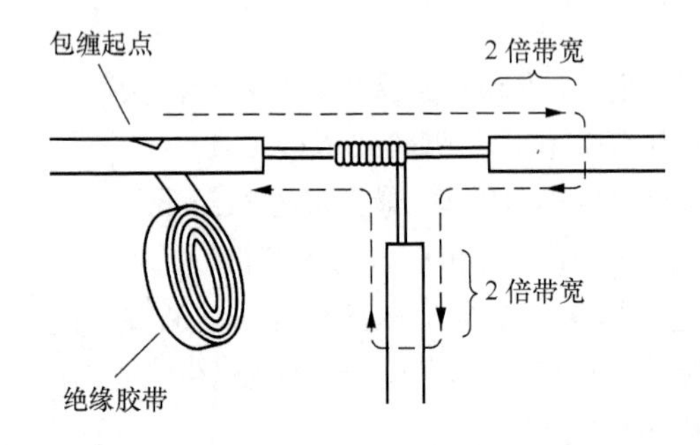

图 3-24　T 字形分支接头绝缘处理

【练一练】

（1）练习各类铜质单芯、多芯和铝质单芯线的连接。

（2）练习双芯和三芯护套线的连接。

（3）练习绝缘带的包缠，练习完后由教师检查完成质量，并将成绩填入表 3-7 中。

表 3–7　电线的练习连接检查

导线的名称	成绩
铜质单芯	
铜质多芯	
铝质单芯	
护套线芯	
绝缘胶带的包缠	

思考与练习 3

1．四色环电阻和五色环电阻各代表什么？

2．怎样判断固定电容性能好坏？

3．怎样判别电解电容的极性？

4．如何用电工刀剖削导线的绝缘层？

5．导线连接有哪些要求？

6．恢复导线绝缘层应掌握哪些基本方法？380 V 线路导线的绝缘层应怎样恢复？

室内照明电路的安装

项目任务：

- 掌握白炽灯电路的安装和故障检修。
- 掌握日光灯电路的安装和故障检修。
- 能识读室内照明线路图，并根据需要设计室内照明线路图。

项目实训目标：

- 熟悉室内照明线路的组成与电路布局。
- 掌握室内照明线路安装的步骤，需要的工具、材料、安装工艺和相关注意事项。
- 能对室内白炽灯照明电路和日光灯照明电路进行安装调试。

实训任务 4.1　白炽灯照明电路的安装

4.1.1　灯具

人类在生产和生活中离不开电光源。照明灯具可以将电能转换为光能，可在夜间和天然采光不足的情况下产生明亮的环境。合理的电气照明，对于保护视力，减少事故，提高工作效率以及美化、装饰环境具有重要的意义。

照明灯是将电能转换为光能的装置，其品种繁多，常用的有白炽灯、荧光灯、高压水银灯和卤钨灯等。

1. 白炽灯

白炽灯是最常见，也是人类最早使用的电光源。

（1）结构

如图 4-1 所示，白炽灯按灯口的形式不同可分为卡口式和螺口式两类。白炽灯的灯头上有相互绝缘的两个电极，分别通过导线与灯丝两端相通。白炽灯的灯丝用钨制成。大功率灯泡的玻璃壳内抽成真空后，充入惰性气体；小功率灯泡的玻璃壳内一般只抽成真空而不充气体。

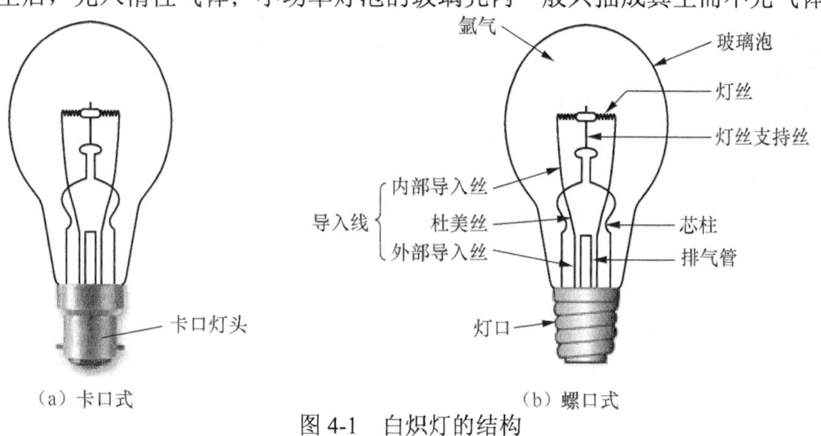

（a）卡口式　　（b）螺口式

图 4-1　白炽灯的结构

（2）白炽灯的发光原理

白炽灯属于热辐射型电光源。当对灯丝施加额定电压后，电流将流过灯丝，灯丝有一定的电阻，可将电能变成热能，使灯丝加热至白炽程度而发光。

按照不同的工作电压，白炽灯可分为 6 V、12 V、24 V、36 V、110 V 和 220 V 共 6 种，其中 36 V 以下的属于低压安全灯泡。在安装灯泡时，要注意灯泡的工作电压必须与线路电压保持一致。

2. 灯座

灯座是保持灯的位置和使灯与电源相连接的器件，又称灯头。按安装方式可分为卡口和螺口，按材料可分为电木、塑料、金属、陶瓷等。一般来讲，卡口灯头是用电木制造的，适合装小功率灯泡；螺口灯头有电木和陶瓷两种，瓷灯头主要用于较大功率的灯泡。螺口灯座接线时，一定要将火线接在中心抽头上才比较安全。高压水银灯应使用瓷质螺口灯座。常见的白炽灯灯座如图 4-2 所示。

3. 照明开关

照明开关是照明线路中必不可少的器件，是为家庭、办公室、公共娱乐场所等设计的，一种用来隔离电源或按规定能在电路中接通或断开电流或改变电路接法的装置。

常用的开关有拉线开关、拨动开关等，其常用品种、外形、名称及适用范围如表 4-1 所示。

（a）插口平灯座

（b）螺口平灯座

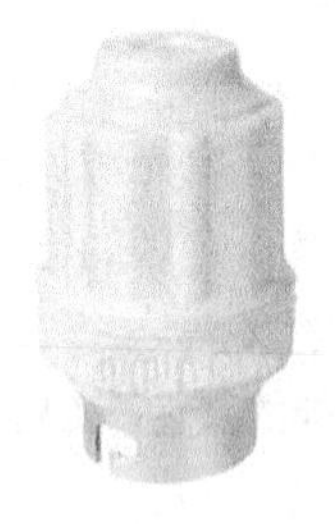

（c）插口吊灯座

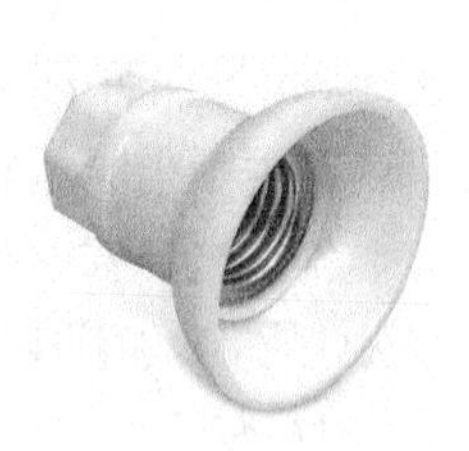

（d）螺口吊灯座

图 4-2　白炽灯灯座

表 4–1　常用电灯开关品种、外形、名称和适用范围

外形	名称	品种	额定电压 / V	额定电流 / A	适用范围
	拉线开关（普通型）	胶木 瓷质 塑料	250	3	户内一般场所普通应用
	防水拉线开关	瓷质	250	5	户外一般场所及户内有水或漏水等情况的严重潮湿场所

续表

外形	名称	品种	额定电压 / V	额定电流 / A	适用范围
	平开关	胶木 瓷质 塑料	250	5	户内一般场所
	暗装开关	胶木金属塑料外壳	250	5、10	采用暗设管线线路的建筑物或户内一般场所
	台灯开关	胶木金属塑料外壳	250	1、2、3	台灯和移动电具

4. *插座*

插座又称电源插座、开关插座，是指有一个或一个以上电路接线可插入的基座，通过它可插入各种接线，便于与其他电路接通。电源插座是为家用电器提供电源接口的电气设备，也是住宅电气设计中使用较多的电气附件，它与人们生活有着十密切的关系。

目前所使用的插头主要有扁插、方插、圆插，如图 4-3 所示。

插座可分为以下几类。

（a）扁插

（b）方插

（c）圆插

图 4-3 插头

（1）按形状分：二极扁圆插、三极扁插、三极方插、五孔等。

（2）按负载分：10 A 二极圆扁插座、16 A 三极插座、13 A 带开关方脚插座、16A 带开关三极插座。

（3）按强、弱电的概念分：强弱电是以人体的安全电压来区分的，36 V 以上的电压称为强电，弱电是指 36 V 以下的电压。电话插、电脑插、网络数据插属于弱电类。

（4）按安装底盒分：明装和暗装，材料有金属和塑料两种。

（5）按底盒的深度分：一般有 35 mm、40 mm、50 mm 几种规格。

插座的实物如图 4-4 所示。

图 4-4 插座实物

4.1.2 白炽灯照明电路的原理图

（1）单联开关控制白炽灯

一只单联开关控制两只白炽灯的接线原理图如图 4-5 所示。

（2）双联开关控制白炽灯

两只双联开关控制两只白炽灯的接线原理图如图 4-6 所示。

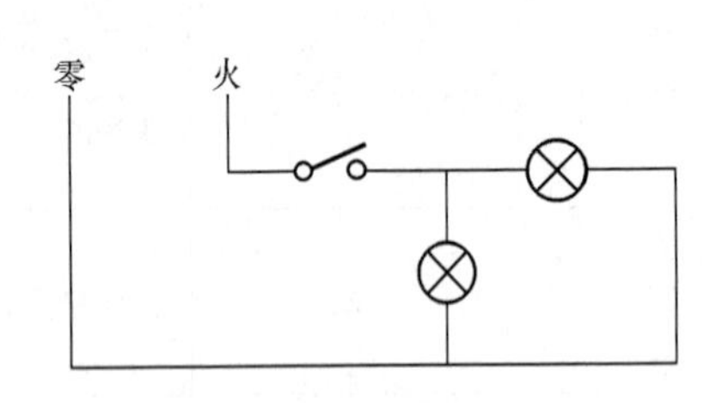

图 4-5　单联电路

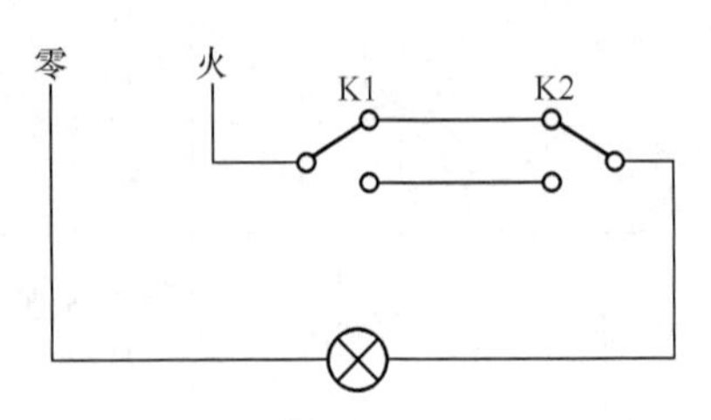

图 4-6　双联电路

4.1.3 白炽灯照明线路的安装

白炽灯照明线路的安装步骤大致可分以下几步。

（1）根据安装要求，确定安装方案（如护套线、槽板配线、瓷瓶配线），准备好所需材料。

（2）检查元器件，如灯泡、灯头、开关及插座等。

（3）按照布线工艺，定位后布线。

（4）安装相关元器件。

1. 灯座的安装

灯座有螺口和插口两种形式，根据安装形式不同又分为平灯座和吊灯座。

（1）平灯座的安装

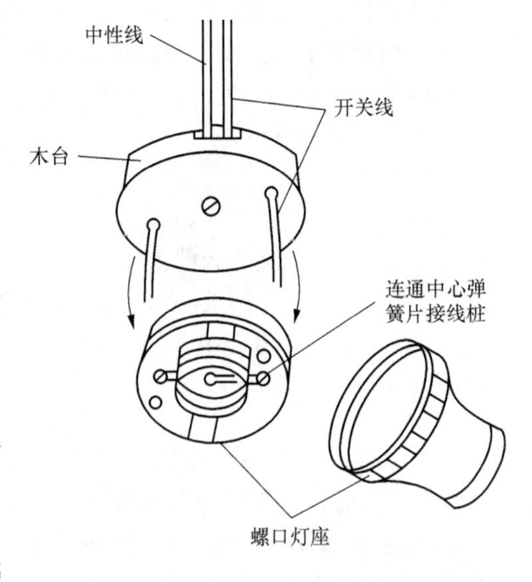

图 4-7　螺口平灯座安装

平灯座应安装在已固定好的木台上。平灯座上有两个接线桩，一个与电源中性线连接，另一个与来自开关的一根线（开关控制的相线）连接。插口平灯座上的两个接线桩可任意连接上述的两个线头，而对螺口平灯座有严格的规定：必须把来自开关的线头连接在连通中心弹簧片的接线桩上，电源中性线的线头连接在连通螺纹圈的接线桩上，如图 4-7 所示。

（2）吊灯座的安装

把挂线盒底座安装在已固定好的木台上，再将塑料软线或花线的一端穿入挂线盒罩盖的孔内，并打个结，使其能承受吊灯的重量（采用软导线吊装的吊灯重量应小于 1kg，否则应采用吊链），然后将两个线头的绝缘层剥去，分别穿入挂线盒底座正中凸起部分的两个侧孔里，再分别接到两个接线桩上，旋上挂线盒盖。接着将软线的另一端穿入吊灯座盖孔内，也打个结，把两个剥去绝缘层的线头接到吊灯座的两个接线桩上，罩上吊灯座盖。如图 4-8 所示。

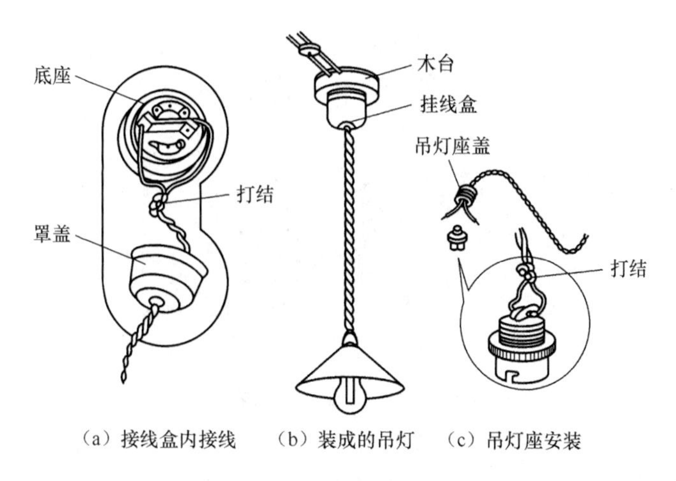

图 4-8　吊灯座安装

2. 开关的安装

开关有明装和暗装之分。暗装开关一般在土建工程施工过程中安装，明装开关一般安装在木台上或直接安装在墙壁上（盒装）。

（1）单联开关的安装

先在墙上准备装开关的地方安装木榫，将穿出木台的两根导线（一根为电源相线，另一根为开关线）穿入开关的两个孔眼，固定开关，然后把剥去绝缘层的两个线头分别接到开关的两个接线桩上，最后装上开关盖。

（2）双联开关的安装

双联开关一般用于在两处用两只双联开关控制一盏灯，如图 4-9 所示。双联开关的安装方法与单联开关类似，但其接线较复杂。双联开关有 3 个接线端，分别与 3 根导线相接，注意双联开关中连铜片的接线桩不能接错，一个开关的连铜片接线桩应与电源相线连接，另一个开关的连铜片接线桩与螺口灯座的中心弹簧片接线桩连接。每个开关还有两个接线桩用两根导线分别与另一个开关的两个接线桩连接。待接好线，经过仔细检查无误后才能通电使用。

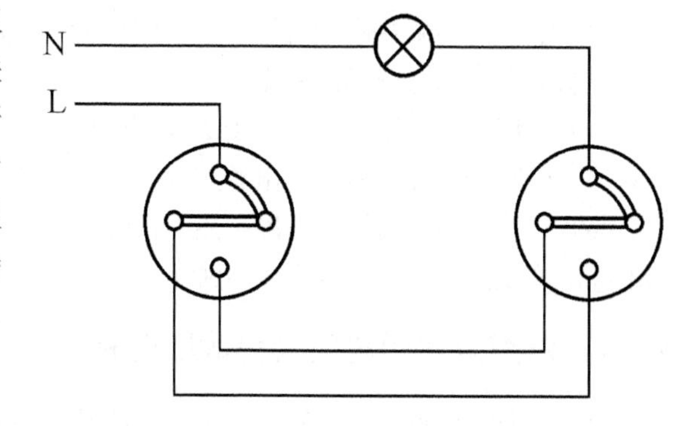

图 4-9　双联开关控制线路图

3. 插座的安装

插座的连接，一般分以下几步。

① 先用试电笔找出火线；

② 关掉插座电源；

③ 将火线接入开关两个孔中的一个 A 标记，再从另一个孔中接出一根 2.5 mm^2 绝缘线接入下面插座 3 个孔中的 L 孔内接牢；

④ 找出零线直接接入插座 3 个孔中的 N 孔内接牢；

⑤ 找出地线直接接入插座 3 个孔中的 E 孔内接牢。

图 4-10 所示为单相三极插座安装示意图。插座的安装、选用时应注意以下事项。

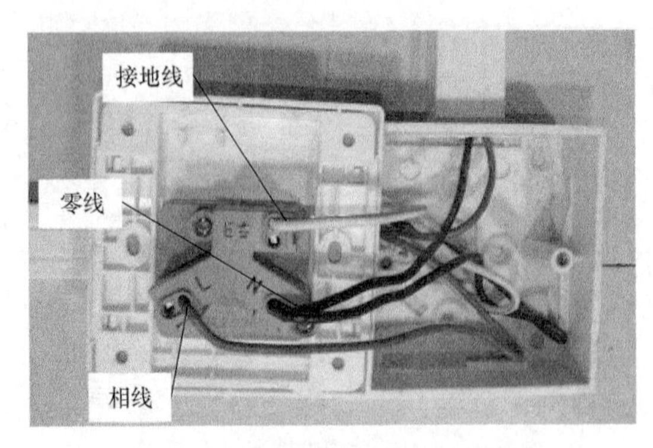

图 4-10　单相三极插座安装示意图

① 插头、插座的额定电流要大于所接的用电器的额定电流，额定电压与用电器标称值应相同（用电器的额定电流=用电器的额定功率/所用电压值）。

② 插座应安装在绝缘板上，二孔插座的插孔应水平并列安装在建筑物的平面上，三孔插座的接地孔（大孔）应装在上方，且需与接地线连接，不可借用零线线头为接地线。

③ 火线（相线）要接在规定的接线柱上（标有“L”字母），220 V 电源进线接在插座上，一般为左零右火。

④ 功率较大（10 A 以上）的电器一般应选用三孔插座。

⑤ 要选用安全性好、市场信誉好的品牌插头和插座。

4. 照明装置安装规定

（1）对于潮湿、有腐蚀性气体、易燃、易爆的场所，应分别采用合适的防潮、防爆、防雨的开关、灯具。

（2）吊灯应装有挂线盒，一般每只挂线盒只能装一盏灯。吊灯应安装牢固，超过 1 kg 的灯具必须用金属链条或其他方法吊装，使吊灯导线不承受力。

（3）使用螺口灯头时，相线必须接于螺口灯头座的中心铜片上，灯头的绝缘外壳不应有损伤，螺口白炽灯泡金属部分不准外露。

（4）吊灯离地面距离不应低于 2 m，潮湿、危险场所应不低于 2.5 m。

（5）照明开关必须串接于电源相线上。

（6）开关、插座离地面高度一般不低于 1.3 m，特殊情况插座可以装低，但离地面不应低于 150 mm，幼儿园等处不应装设低位插座。

4.1.4　白炽灯照明电路常见故障分析及检修方法

白炽灯照明线路也由负载、开关、导线及电源 4 个部分组成，其中任一环节发生故障，均会使照明线路停止工作。常见白炽灯照明的故障和检修方法如表 4-2 所示。

表 4-2　常见白炽灯照明的故障和检修方法

故障现象	产生原因	检修方法
灯光不亮	（1）灯泡钨丝烧断 （2）电源熔断器的熔丝烧断 （3）灯座或开关接线断开或接触不良 （4）线路中有断路故障	（1）调换新灯泡 （2）检查熔丝烧断的原因并更换熔丝 （3）检查灯座和开关的接线处并修复用电气或用校火灯头检查 （4）检查线路的断路并修复

续表

故障现象	产生原因	检修方法
开关合上后熔断器熔丝烧断	（1）灯座内两线头短路 （2）螺口灯座内中心铜片与螺旋铜圈相碰、短路 （3）线路中发生短路 （4）用电器发生短路 （5）用电量超过熔丝容量	（1）检查灯座内两根线头并修复 （2）检查灯座并校准中心铜片 （3）检查导线是否老化或损坏并修复 （4）检查用电器并修复 （5）减少负载或更换熔断器
灯泡忽亮忽暗或忽亮忽熄	（1）灯丝烧断，但受震后忽接忽离 （2）灯座或开关接线松动 （3）熔断器熔丝接头接触不良 （4）电源电压不稳定	（1）调换灯泡 （2）检查灯座和开关并修复 （3）检查熔断器并修复 （4）检查电源电压
灯泡发强烈白光并瞬时或短时烧坏	（1）灯泡额定电压低于电源电压 （2）灯泡钨丝有搭丝，从而使电阻减少，电流增大	（1）更换与电源电压相符的灯泡 （2）更换新灯泡
灯光暗淡	（1）灯泡内钨丝挥发后，积聚在玻璃壳表面透光度减低，同时由于钨丝挥发后变细，电阻增大，电流减少，光通亮减少 （2）电源电压过低 （3）线路因年久老化和绝缘损坏有漏电现象	（1）正常现象，不必修理 （2）调高电源电压 （3）检查线路，更换导线

【练一练】

家庭常用照明电路设计与安装。

（1）电路要求

① 设计一单联控制电路和一双联控制电路。

② 根据电路图正确布线，安装电路。

③ 训练用万用表检查电路接线正确与否。

④ 撰写设计安装报告。

（2）设备器材

白炽灯（12 V/2 W） 3 只
灯座 3 个
木制安装板 1 块
单相闸刀开关 1 个
双向开关 3 个
插头 1 个
插座 1 个
导线 若干

（3）电工工具

万用表、剥线钳、斜口钳、螺丝旋具、验电笔

（4）实训操作步骤

① 分析设计要求，完成电路设计，及对应的实物布置图。

② 观察设备器材，检测质量好坏，学会使用与安装。

③ 安装与布线接线。

④ 使用万用表检测电路正确性。

⑤ 申请通电检验。

⑥ 分析排除故障。

表 4-3　　家庭常用照明电路评分表

评分标准	配分	得分
电路设计、器件选择正确合理	10	
螺钉固定牢固	10	
走线合理、接线牢固	10	
绝缘良好	10	
单联电路正确性	20	
双联电路正确性	20	
插座左零右火	10	
通电检测一次成功	10	

实训任务 4.2　荧光灯照明电路的安装

4.2.1　荧光灯的结构及各部分功能

因为荧光灯发出的光比白炽灯更接近自然光，故常称之为日光灯，它是应用最广的气体放电型光源。目前我国生产的荧光灯有普通荧光灯和三基色荧光灯。

结构

荧光灯照明线路主要由灯管、镇流器、启辉器、灯座和灯架组成。

（1）灯管

灯管主要由灯头、灯丝和玻璃管构成，如图 4-11 所示。灯管是一根直径为 15～40.5 mm 的玻璃管，两端各装有一个由钨丝绕成的灯丝，其表面涂有氧化钡，灯丝烧热后易发射电子。灯丝两端接在灯脚上，同外电路相接。灯管内涂有荧光粉，管内先抽成真空，然后充入少量汞气和氩气。氩气有帮助灯管点燃并保护灯丝，延长灯管使用寿命的作用。当灯管两端加上电压时，灯丝发射出的电子便不断轰击水银蒸汽，使水银分子在碰撞中电离，并迅速使带电离子增长，产生肉眼看不见的紫外线，紫外线射到玻璃管内壁的荧光粉上便发出近似日光色的可见光。

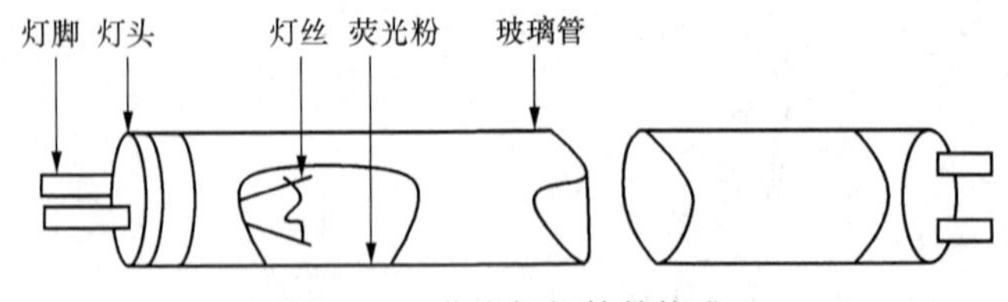

图 4-11　荧光灯灯管的构成

（2）镇流器

镇流器由硅钢片铁芯及绕在铁芯上的电感线圈组成，如图 4-12 所示，其作用是在启动时限制预热电流，并在启辉器配合下产生瞬时 600 V 以上的高电压，促使灯管放电；在工作时限制流过灯管的电流，起镇流作用。

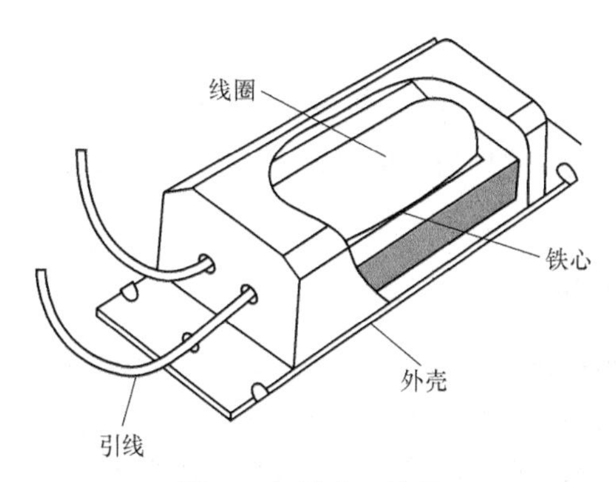

图 4-12 镇流器结构

镇流器的选用必须和灯管配套，即灯管瓦数必须与镇流器配套的标称瓦数相同。

（3）启辉器

启辉器又名跳泡，由氖泡、纸介电容、引线脚和铝质或塑料外壳组成，如图 4-13 所示。氖泡内有一个固定的静止触片和一个双金属片制成的倒 U 形触片。双金属片由两种膨胀系数差别很大的金属薄片粘合而成，动触片与静触片平时分开，两者相距 1/2 mm 左右。纸介电容容量在 5000 pF 左右，它的作用是：① 与镇流器线圈组成 LC 振荡回路，能延长灯丝预热时间和维持脉冲放电电压；② 能吸收干扰收录机、电视机等电子设备的杂波信号，如果电容被击穿，去掉后氖泡可使灯管正常发光，但失去吸收干扰杂波的性能。

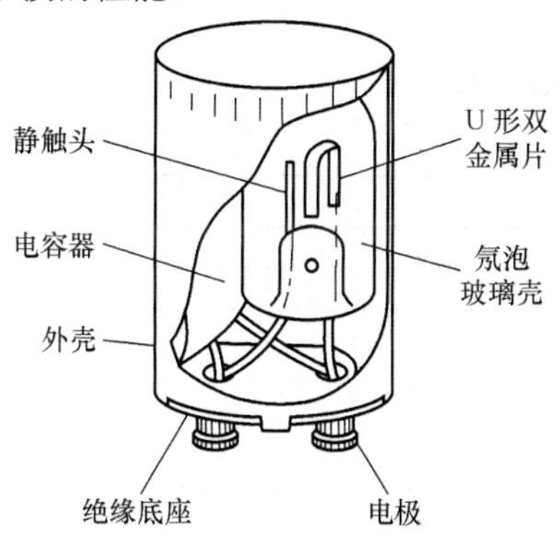

图 4-13 启辉器结构

（4）灯座

一对绝缘灯座将荧光灯管支承在灯架上，再用导线连接成荧光灯的完整电路，灯座有弹簧式和旋转式两种，如图 4-14 所示。灯座还有大型和小型两种，大型的适用于 15 W 以上灯管，小型的适用于 6 W、8 W 和 12 W 灯管。

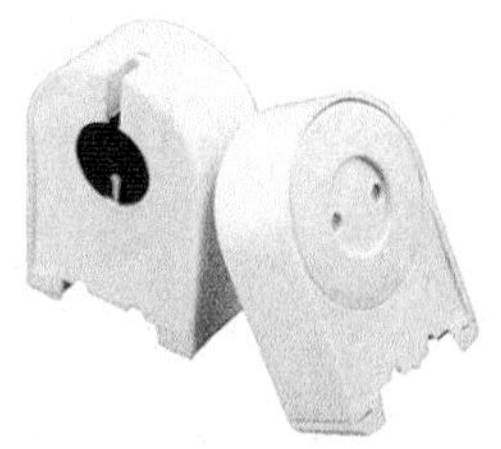

（a）弹簧式灯座

（b）旋转式灯座

图 4-14 荧光灯灯座

（5）灯架

灯架用来装置灯座、灯管、启辉器、镇流器等日光灯零部件，有木制、铁制和铝皮制等几种，其规格应配合灯管长度、数量和光照方向选用。灯架长度应比灯管稍长，反光面应涂白色或银色油漆，以增加光线反射。

4.2.2 日光灯的工作原理

荧光灯的工作过程分为启辉和工作两个阶段，其电路如图 4-15 所示。开关、镇流器、灯管两端的灯丝和启辉器，可认为处于串联状态。刚合上开关瞬间，启辉器动、静触片处于断开位置，而灯管属于长管放电发光状态，启辉器管内内阻较高，灯丝发射的电子不能使灯管内部形成电流通路；镇流器处于空载，线圈两端电压降极小；电源电压几乎全部加在启辉器氖泡动、静触片之间，使其发生辉光放电而逐渐发热，U 形双金属片受热后，由于两种金属膨胀系数不同发生膨胀伸展而与静触片接触，将电路接通，构成日光灯启辉状态的电流回路，使电流流过镇流器和两端灯丝，灯丝被加热而发射电子；启辉器动、静触片接触后，辉光放电消失，触片温度下降，从而恢复断开位置，将启辉器电路分断，此时镇流器线圈中由于电流中断，在电感作用下产生较高的自感电动势，出现瞬时脉冲高压，它和电源电压叠加后加在灯管两端，导致管内惰性气体电离发生弧光放电，使管内温度升高，液态水银汽化游离，游离的水银分子剧烈运动撞击惰性气体分子的机会急剧增加，引起水银蒸气弧光放电，辐射出紫外线，紫外线激发管壁上的荧光粉而发出荧光色的可见光。

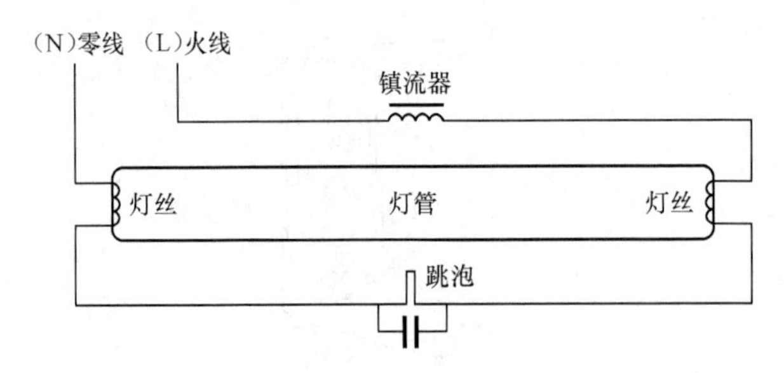

图 4-15　荧光灯电路图

灯管启辉后，管内电阻下降，荧光灯管回路电流增加，镇流器两端电压降跟着增大，有的要大于电源电压的 1.5 倍以上，加在氖泡两端电压大为降低，不足以引起辉光放电，启辉器保持断开则不起作用，电流由管内气体导电而形成回路，灯管进入工作状态。

由荧光灯工作原理可见，镇流器具有如前所述的作用：在启辉过程中，它利用自身感抗限制灯丝预热电流并使其保持电子发射能力，防止灯丝被烧断。在灯管启辉以后，应降低灯管两端工作电压，限制其工作，保证灯管正常工作。

目前，许多荧光灯的镇流器已采用电子镇流器。它具有节电、启动电压较宽、启动时间短（0.5 s）、无噪声、无频闪等优点。

4.2.3 日光灯线路的安装

安装日光灯，首先是对照电路图连接线路，组装灯具；然后在建筑物上固定，并与室内的主线接通。安装前应检查灯管、镇流器、启辉器等有无损坏，是否互相配套，然后按下列步骤安装。

1. 准备灯架

根据日光灯管长度的要求，购置或制作与之配套的灯架。

2. 组装灯架

对分散控制的日光灯，将镇流器安装在灯架的中间位置，对集中控制的几盏日光灯，几只镇流器应集中安装在控制点的一块配电板上。然后将启辉器座安装在灯架的一端，两个灯座分别固定在灯架两端，中间距离要按所用灯管长度量好，使灯管两端灯脚既能插进灯座插孔，又能有较紧的配合。各配件位置固定后，按电路图进行接线，只有灯座才是边接线边固定在灯架上。接线完毕，要进行详细检查，以免接错、接漏。

3. 固定灯架

固定灯架的方式有吸顶式和悬吊式两种。悬吊式又分金属链条悬吊和钢管悬吊两种。安装前先在设计的固定点打孔预埋合适的紧固件，然后将灯架固定在紧固件上。

最后把启辉器旋入底座，把日光灯管装入灯座，开关、熔断器等按白炽灯安装方法进行接线。检查无误后，即可通电试用。日光灯的安装接线图如图 4-16 所示。

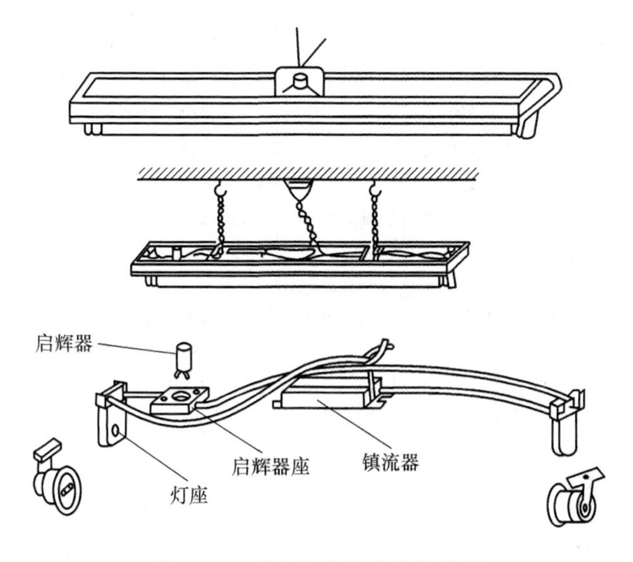

图 4-16 日光灯电路安装接线图

4.2.4 日光灯照明电路常见故障分析及检修方法

日光灯常见故障和检修方法见表 4-4。

表 4–4 日光灯照明线路故障和检修方法

故障现象	产生原因	检修方法
日光灯管不能发光	（1）灯座和起辉器底座接触不良 （2）灯管漏气或灯丝断 （3）镇流器线圈断路 （4）电源电压过低 （5）新装日光灯接线错误	（1）转动灯管，使灯管四极和灯座四夹座接触，使起辉器两极与底座两铜片接触，找出原因并修复 （2）用万用表检查或观察荧光粉是否变色，若确认灯管坏了，可换新灯管 （3）修理或调换镇流器 （4）不必修理 （5）检查线路

续表

故障现象	产生原因	检修方法
日光灯抖动或两头发光	（1）接线错误或灯座灯脚松动 （2）起辉器氖泡内动、静触片不能分开或电容器击穿 （3）镇流器配用规格不合适或接头松动 （4）灯管陈旧，灯丝上电子发射物质放电作用降低 （5）电源电压过低或线路电压降过大 （6）气压过低	（1）检查线路或修理灯座 （2）将起辉器取下，用两个螺钉旋具的金属头分别触及起辉器底座两片铜片，然后将两个银金属杆相碰，并立即分开，若灯管能跳亮，则起辉器是坏了，应更换起辉器 （3）调换合适的镇流器或加固接头 （4）调换灯管 （5）如有条件升高电压或加粗导线 （6）用热毛巾对灯管加热
灯管两端发黑或生黑斑	（1）灯管陈旧，寿命将终的现象 （2）如果是新灯管，可能是因起辉器损坏而使灯丝发射物质加速挥发 （3）灯管内水银凝结是新灯管常见现象 （4）电源电压太高或镇流器配用不当	（1）调换灯管 （2）调换起辉器 （3）灯管工作后即能蒸发或灯管旋转 180° （4）调整电源电压或调换适当的镇流器
灯光闪烁或光在管内滚动	（1）新灯管暂时现象 （2）灯管质量不好 （3）镇流器配用规格不符或接线松动 （4）起辉器损坏或接触不好	（1）多用几次或对调灯管两端 （2）换一根灯管试一试有无闪烁 （3）调换合适的镇流器或加固接线 （4）调换起辉器或加固起辉器
灯管光度减低或色彩较差	（1）灯管陈旧的必然现象 （2）灯管上积垢太多 （3）电源电压太低或线路电压降太大 （4）气温过低或冷风直吹灯管	（1）调换灯管 （2）消除灯管积垢 （3）调整电压或加粗导线 （4）加防护罩或避开冷风
灯管寿命短或发光后立即熄灭	（1）镇流器配用规格不符或质量较差，或镇流器内部线圈短路，致使灯管电压过高 （2）受到剧震，将使灯丝震断 （3）新装灯管因接线错误将灯管烧坏	（1）调换或修理镇流器 （2）调换安装位置或更换灯管 （3）检修线路
镇流器有杂音或电磁声	（1）镇流器质量较差或其铁芯的硅钢片未夹紧 （2）镇流器过载或其内部短路 （3）镇流器受热过度 （4）电源电压过高引起镇流器发出杂音 （5）起辉器不好引起开启时辉光杂音 （6）镇流器有微弱声，但影响不大	（1）调换镇流器 （2）检查受热原因 （3）如有条件设法降压 （4）调换起辉器 （5）是正常现象，可用橡皮垫衬，以减少震动
镇流器过热或冒烟	（1）电源电压过高，或容量过低 （2）镇流器内部线圈短路 （3）灯管闪烁时间长或使用时间太长	（1）有条件可降低电压或换用容量较大的镇流器 （2）调换镇流器 （3）检查闪烁原因或减少连续使用的时间

4.2.5 其他常用照明设备

1. 节能型荧光灯

节能型荧光灯有环形、U 形和 H 形等多种外形，但其工作原理和直管荧光灯基本相同。

（1）环形荧光灯

环形荧光灯又称为圆形荧光灯。它的造型美观、安装方便，发光效率比直管荧光灯高，被广泛应用。在使用时必须配备相应功率的镇流器和启辉器，不得互相混用，安装时需配用专用灯座和灯架，其外形如图 4-17 所示。

（a）环形荧光灯管

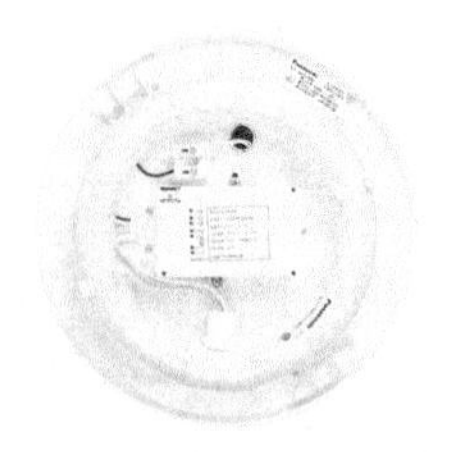

（b）成套环形荧光灯

图 4-17　环形荧光灯

（2）U 形荧光灯

U 形荧光灯其结构和原理同环形荧光灯，不同之处为灯管呈 U 形、外形小巧，可多只并排组装，节能效果好，发光强度大，显色性好，安装方便，如图 4-18 所示。

（a）单 U 形管　　（b）双 U 形管　　（c）双 U 形并排

图 4-18　U 形荧光灯

（3）H 形荧光灯

H 形荧光灯是一种新型的节能电光源。它具有耗电小、光效高、体积小、显色性好等特点。它不仅可以用于台灯，而且还可用于壁灯、吸顶灯、吊灯等多种形式的安装。H 形荧光灯的灯管由两根内径为 10 mm 的平行玻璃管组成，在灯管的前端有一个连通“桥”，后端为灯头，灯头内装有启辉器、灯丝和引出线，如图 4-19 所示。

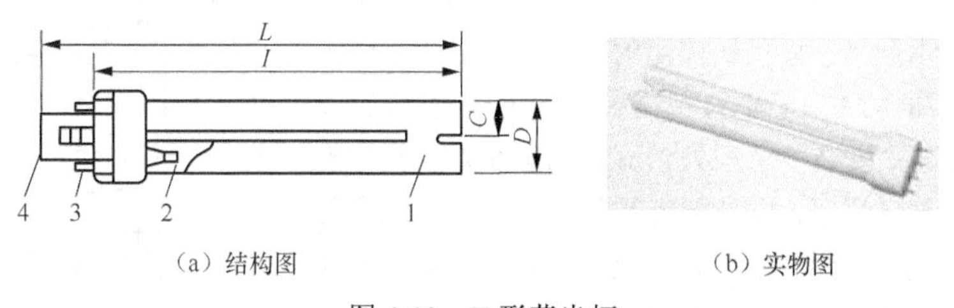

（a）结构图　　（b）实物图

图 4-19　H 形荧光灯

1—桥；2—灯丝；3—引出线；4—灯头

注意：

① H 形荧光灯必须配专用的 H 形灯座，拆装时要注意，一定要将灯头平行插入或拔出。

② H 形荧光灯的镇流器必须根据灯管功率来配备，切勿用普通的直管形镇流器来代替。在使用时应尽量减少开关的次数，否则会缩短灯管的寿命。

2. 高压汞灯

高压汞灯又叫高压水银灯，是比较新型的电光源，由于工作时灯内的气压可达 2～6 个大气压，故称“高压”，其主要特点是光效高、寿命长，在广场、车站、码头、工地及道路上被广泛应用。

（1）外镇流式高压汞灯

外镇流式高压汞灯的基本结构如图 4-20 所示。在玻璃泡中央，装有一根用石英玻璃制成的发光管，又叫放电管。这是高压汞灯的主体。管内充有一定量的汞和少量氩气。发光管两端各装有一个主电极， 用于发射电子。在其中一端还装有一个启动电极，又叫辅助电极或引燃极，通过一个电阻与另一端的主电极相连，用于触发启辉。外镇流式高压汞灯的安装接线很简单，它是在普通白炽灯电路基础上串联一个镇流器，如图 4-21 所示。但它所用的灯座必须是与灯泡配套的瓷质灯座，原因是它的工作温度高，不能使用普通灯座。

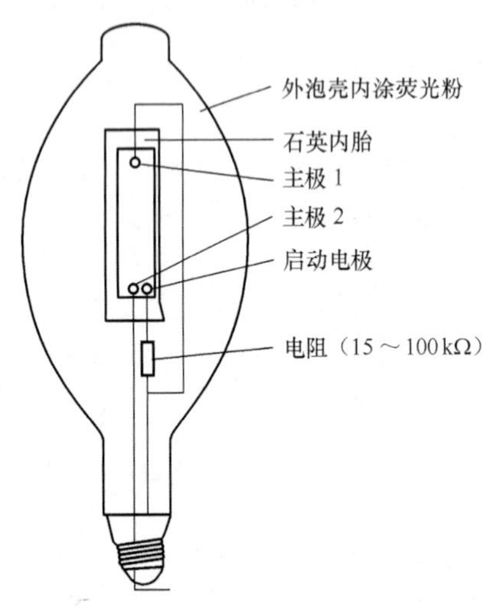

图 4-20　外镇流式高压汞灯

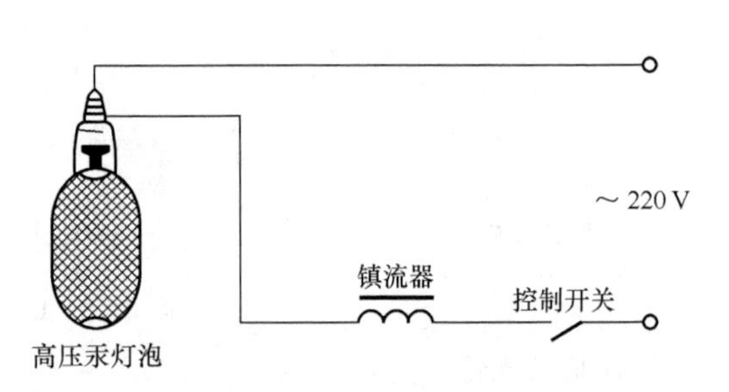

图 4-21　外镇流式高压汞灯电路

（2）自镇流式高压汞灯

自镇流式高压汞灯的外形与外镇流式高压汞灯相同，工作原理也基本一样。不同的是它不用另外加镇流器，只是在石英放电管外圈串联了一段供镇流用的钨丝，用以代替外镇流器。其结构如图 4-22 所示。自镇流式高压汞灯线路简单，与白炽灯完全相同。安装要求与外镇流式高压汞灯一样。由于它没有笨重的外镇流器，安装要容易得多。自镇流式高压汞灯的优点是不仅线路简单，安装方便，而且效率高，能瞬时启辉，光色好。缺点是平均寿命短，不耐震。

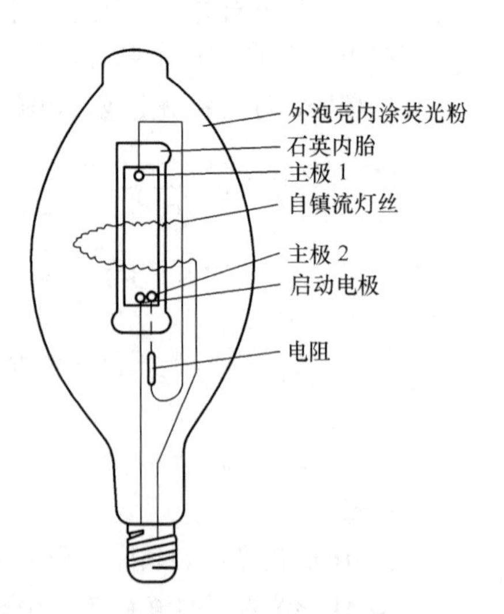

图 4-22　自镇流式高压汞灯

（3）高压汞灯使用注意事项

① 必须分清灯泡是外镇流式还是自镇流式，如果用错，不是烧毁灯泡就是启动困难或亮度明显降低。

② 灯泡应垂直安装，因水平安装时不仅亮度减小 7%，而且容易自灭。

③ 功率偏大的高压汞灯温度高，应装置散热设备。

④ 灯泡玻璃壳破碎后，虽能发光照明，但过量的紫外线对人体有害，应尽快更换。

⑤ 对电压波动较大的电路，不太适合用高压汞灯。因电压降低 5%左右灯泡就会自行熄灭，影响照明。

3. 碘钨灯

碘钨灯属于卤钨灯的一种，系热体发光光源，发光强度大，且靠提高灯丝温度来提高发光效率。它不仅具有白炽灯光色好、辨色率高的优点，而且克服了白炽灯发光效率低、寿命短等缺点。

碘钨灯主要由石英玻璃管制成，两端装有与外电源连接的电极，并用灯丝贯穿整个石英管再与两外电极相连，灯丝中间用等距离的灯丝支架支持。管内充有卤族元素碘的蒸气。整个结构如4-23 所示。碘在适当的温度下，很容易与金属钨发生化学反应生成碘化钨。在碘钨灯的灯管中，由于钨丝通电发热，钨分子蒸发，在管壁的低温区与碘蒸气化合，生成的碘化钨随着灯管内冷热气体对流，又被带到灯丝附近的高温区，碘化钨在高温下被分解成碘和钨，钨又重新回到灯丝上。所以在灯丝上，钨蒸发后又回来，形成循环，使钨丝消耗减小，不易变细，从而延长了灯管使用寿命，灯管也很少发黑，发光强度一直比较稳定。

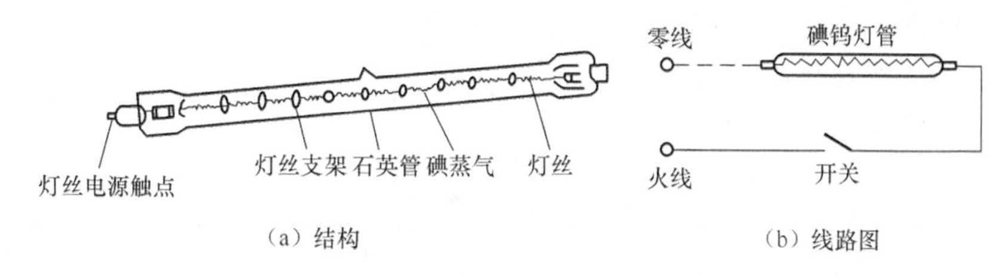

（a）结构　（b）线路图

图 4-23　碘钨灯

4. 霓虹灯

霓虹灯对城市的夜间装点、市面繁华起着极为重要的作用。它也是一种低气压气体放电光源，主要由霓虹灯变压器和灯管两大部分组成。在它的灯管两端装有电极，在两端加上高电压后即可从电极发射电子。电子的高速运动激发管内惰性气体或金属蒸汽分子，使其电离产生导电离子，使灯管内电流导通而发光。由于不同的元素被激发后发光颜色不同，在制作时根据发光颜色的需要，在灯管内分别充有氦、氖、氩、氪、钠、汞、镁等非金属或金属元素。如氦发淡红色光，氖发红色或深橙色光，氩发青光，氦和钠发黄光。如果管内充有几种元素，则根据各种元素比例的不同可以发射不同的复合色光。

5. 高压灭虫灯

高压灭虫灯是一种通过黑光灯引诱黑虫，并通过高压电网将害虫杀死的特殊灯具，如图 4-24 所示。黑光灯的结构和电特性与普通日光灯相同，只是在管壁上涂的荧光粉不同。它可以辐射出害虫可见而人眼不可见的紫外线，将害虫吸引过来。高压灭虫灯采用栅栏网状高压电网，围绕在黑光灯管的四周，电网分两组，彼此绝缘地穿插设置，并接入 220 V/4000 V 变压器的高压侧。当害虫飞进电网间隙的瞬间，由于电网电压很高，当即可将害虫电死。但当杀死害虫较多时， 高压电网会发生短路，故需及时清理。

图 4-24　高压灭虫灯

【练一练】

日光灯照明电路的安装

（1）实训要求

① 画出日光灯照明电路原理图和布置图。

② 根据电路图正确布线，安装电路。

③ 学会根据日光灯电路状况，判断故障原因。

（2）设备器材

日光灯　　　　1 根
镇流器　　　　1 个
起辉器　　　　1 个
单相开关　　　1 个
连接导线若干
日光灯安装板

（3）实训操作步骤

① 设计画出原理图和对应的实物布置图。

② 观察设备器材，检测质量好坏，学会使用与安装。

③ 开始安装与布线接线。

④ 分析排除故障。

表 4-5　　日光灯照明电路评分表

评分标准	配分	得分
电路设计、器件选择正确合理	20	
说明电路的元件作用和工作原理	25	
照明器件摆放布置合理	15	
走线合理、接线牢固	20	
通电检测一次成功	20	

思考与练习 4

1. 白炽灯的开关合上后，熔丝烧断，产生的原因有哪些？如何检修？
2. 如何检测白炽灯不亮的原因？
3. 画出日光灯原理图，并说明其工作原理。
4. 日光灯不能发光的原因有哪些？如何检修？
5. 简述照明电路出现开路或短路故障的原因。

实训项目 5

低压配电箱的安装

项目任务：

- 能根据电气控制原理图装配低压配电箱。
- 掌握配电箱装配工艺和配线工艺。
- 能够检查和排除低压电器的常见故障。

项目实训目标：

- 熟悉常用低压配电线路主要器件的作用。
- 学会常用低压电器的识别、选择、安装等。
- 掌握常见低压电器故障排除和检修。
- 学会读懂低压配电箱电气原理图和安装图。

实训任务 5.1　低压配电线路主要器件

5.1.1　闸刀开关

1. 作用

闸刀开关是一种手动配电电器，主要用来隔离电源或手动接通与断开交直流电路，也可用于不频繁的接通与分断额定电流以下的负载，如小型电动机、电炉等。

2. 结构

闸刀开关主要有与操作瓷柄相连的动触刀、静触头刀座、熔丝、进线及出线接线座，这些导电部分都固定在瓷底板上，且用胶盖盖着。所以当闸刀合上时，操作人员不会触及带电部分。胶盖还具有以下保护作用：① 将各极隔开，防止因极间飞弧导致电源短路；② 防止电弧飞出盖外，灼伤操作人员；③ 防止金属零件掉落在闸刀上形成极间短路。还装设了熔丝以提供短路保护功能。

3. 分类

闸刀开关是最经济但技术指标偏低的一种刀开关。闸刀开关也称开启式负荷开关。根据刀片数多少，闸刀开关分单相闸刀开关和三相闸刀开关。

（1）单相闸刀开关

单相闸刀开关又称瓷底胶盖闸刀开关，它由刀开关和熔断体组成，均装在瓷底板上，其电路符号与外形如图 5-1 所示，用 QS-FU 表示。

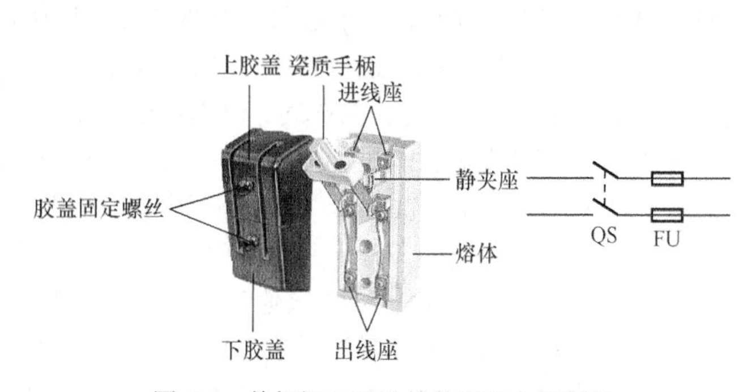

图 5-1　单相闸刀开关的外形和电路符号

（2）三相闸刀开关

三相闸刀开关也由刀开关和熔断体两部分组成，瓷底板上装有进线座、静触点、熔丝、出线座和 3 个刀片式的动触点，上面有两块胶盖，常用作照明电路和电源开关，也可用于小功率（5.5 kW 以下）三相异步电动机进行不频繁启动和停止的控制开关，其电路符号与外形如图 5-2 所示。

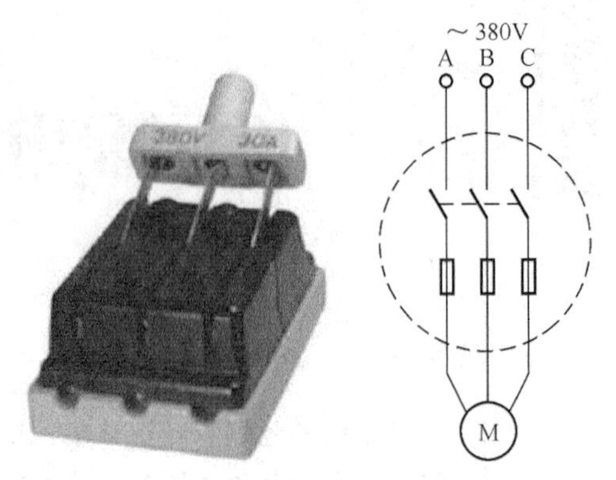

图 5-2　三相闸刀开关的外形与电路符号

4．*安装及操作要求*

（1）闸刀应竖直安装在绝缘板上，刀柄在合闸时方向向上。

（2）电源进线应从上接线端进入，下接线端接负载。

（3）在带电操作闸刀时，必须盖好上、下脚胶盖，紧固螺钉；动作应迅速，以尽量减少电弧。

5.1.2　低压断路器

低压断路器又称空气开关，是一种可以自动切断故障电路的电器。

1．*作用*

低压断路器是一种既由手动开关作用，又能自动切断故障的半自动低压电器。当电路发生严重过载、短路以及失压等故障时，能自动切断电路，有效地保护串接在它后面的电气设备。在正常情况下，也可以用于不频繁地接通和断开电路及控制电动机。其保护参数可以人为设定，且在故障电流后一般不需要更换零部件，因而获得了广泛的应用。

2．*实物和符号*

常用的塑料外壳式的低压断路器型号有 DZ5、DZ10、DZ20 等系列。图 5-3 所示为断路器的实物和图形符号。

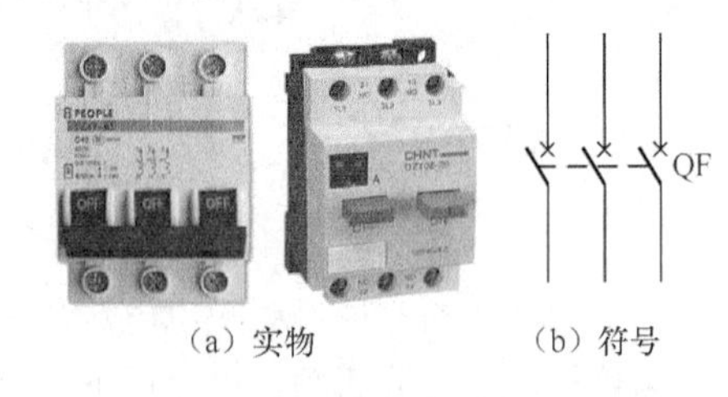

（a）实物　　（b）符号

图 5-3　低压断路器

3．*结构和工作原理*

低压断路器内部主要由触点系统、灭弧装置、保护装置和传动机构等组成，其中保护装置和传动机构组成脱扣器。其工作原理如图 5-4 所示。过电流脱扣器的线圈和热脱扣器的热元件均串联在被保护的三相电路中，欠电压脱扣器的线圈并联在电路中，按下闭合按钮，主触点闭合，接通电源。在正常作时，过电流脱扣器的衔铁不吸合；若电路发生短路或超过电流脱扣器动作电流，则过电流脱扣器衔铁动作；当电路过载时，热脱扣器的热元件发热使双金属片产生足够的弯曲；当电源电压不足，达到欠电压脱扣器释放值时欠电压脱扣器动作；按下分断按钮，分励脱扣器线圈通电，衔铁动作；以上任一脱扣器动作都将推动自由脱扣器动作，使主触点切断电路。

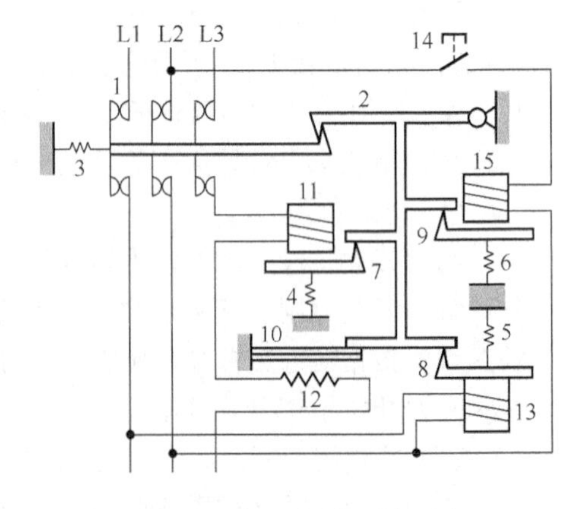

图 5-4　低压断路器原理图

1—主触头；2—搭钩；3、4、5、6—弹簧；7、8、9—衔铁；10—热脱扣；11—过电流脱扣线圈；12—加热电阻丝；13—欠电压脱扣线圈；14—分断按钮；15—分励脱扣线圈

4. 使用和维护

（1）当断路器与熔断器配合使用时，熔断器应装于断路器之前，以保证使用安全。

（2）电磁脱扣器的整定值不允许随意更动，使用一段时间后应检查其动作的准确性。

（3）断路器分断电路电流后，应在切除前级电源的情况下及时检查触点，如有严重的电灼痕迹，可用干布擦去；若发现触头烧毛，可用砂纸或细锉小心修整。

5. 选用原则

在选择断路器时，要注意以下原则。

（1）额定电压和额定电流不小于电路的正常工作电压和电流。

（2）热脱扣器的整定电流应与所控制的电器额定值一致。

（3）电磁脱扣器瞬时脱扣整定电流应大于负载正常工作时的峰值电流。

6. 常见故障

低压断路器的常见故障及修理方法如表 5-1 所示，其修理工作一般应由专业电工负责。

表 5–1 低压断路器的常见故障及修理方法

故障现象	产生原因	修理方法
手动操作断路器不能闭合	① 电源电压太低 ② 热脱扣的双金属片尚未冷却复原 ③ 欠电压脱扣器无电压或线圈损坏 ④ 储能弹簧变形，导致闭合力减小 ⑤ 反作用弹簧力过大	① 检查线路并调高电源电压 ② 待双金属片冷却后再合闸 ③ 检查线路，施加电压或调换线圈 ④ 调换储能弹簧 ⑤ 重新调整弹簧反力
电动操作断路器不能闭合	① 电源电压不符 ② 电源容量不够 ③ 电磁铁拉杆行程不够 ④ 电动机操作定位开关变位	① 调换电源 ② 增大操作电源容量 ③ 调整或调换拉杆 ④ 调整定位开关
电动机启动时断路器立即分断	① 过电流脱扣器瞬时整定值太小 ② 脱扣器某些零件损坏 ③ 脱扣器反力弹簧断裂或落下	① 调整瞬间整定值 ② 调换脱扣器或损坏的零部件 ③ 调换弹簧或重新装好弹簧
分断脱扣器不能使断路器分断	① 线圈短路 ② 电源电压太低	① 调换线圈 ② 检修线路调整电源电压
欠电压脱扣器噪声大	① 反作用弹簧力太大 ② 铁芯工作面有油污 ③ 短路环断裂	① 调整反作用弹簧 ② 清除铁芯油污 ③ 调换铁芯
欠电压脱扣器不能使断路器分断	① 反力弹簧弹力变小 ② 储能弹簧断裂或弹簧力变小 ③ 机构生锈卡死	① 调整弹簧 ② 调换或调整储能弹簧 ③ 清除锈污

5.1.3 漏电保护器

漏电保护器，简称漏电开关，又叫漏电断路器，其外形如图5-5所示。它对电器设备的漏电电流极为敏感。当人体接触了漏电的用电器时，产生的漏电电流只要达到10～30 mA，就能使漏电保护器在极短的时间（如 0.1 s）内跳闸，切断电源，这有效地防止了触电事故的发生。此外也可在正常情况下作为线路的不频繁转换启动之用，表5-2列出了LBK系列的漏电保护器的技术参数。

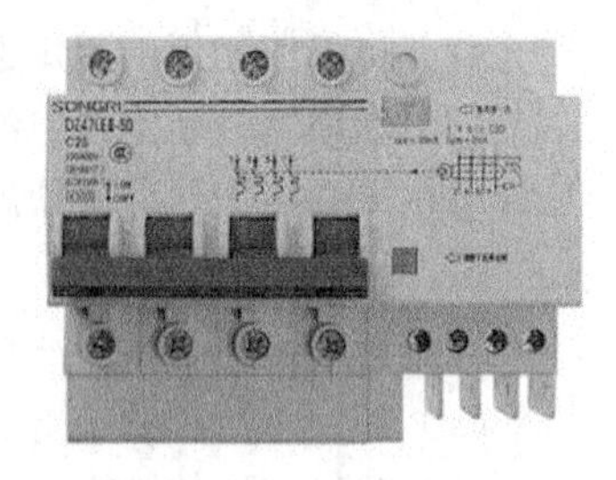

图5-5 漏电保护器实物图

表5-2 漏电保护器的技术参数

型号、技术指标	LBK16-30C	LBK32-30C	LBK40-30C	LBK60-30C
额定电压/V	220	220	220	220
额定负载电流/A	16	32	40	60
频率/Hz	50	50	50	50
极数	2	2	2	2
额定漏电动作电流/mA	≤30	≤30	≤30	≤30
额定漏电不动作电流/mA	15	15	15	15
分断动作时间/s	≤0.1	≤0.1	≤0.1	≤0.1
接线方式	不分相零线			
动作方式	电流型电子式			

1. 工作原理

漏电保护器在一般空气开关的基础上，增加了漏电电流检测、放大和驱动跳闸机构等单元。其外形也大致与塑料外壳空气开关相仿。

漏电保护器有电压型和电流型两种，其工作原理有共同性，即都可把它看作是一种灵敏继电器，如图5-6所示，检测器JC控制开关S的通断。对电压型漏电保护器而言，JC检测用电器对地电压；对电流型漏电保护器而言，JC检测漏电流，超过安全值即控制S动作切断电源。目前使用广泛的是电流型保护开关，它不仅能防止人触电而且能防止漏电造成火灾，既可用于中性点接地系统也可用于中性点不接地系统；既可单独使用也可与保护接地、保护接零共同使用，而且安装方便，值得大力推广。其工作原理如图5-7所示。当电器正常工作时，流经零序互感器的电流大小相等，方向相反，检测输出为零，开关闭合电路正常工作：当电器发生漏电时，漏电流不通过零线，零序互感器检测到不平衡电流并达到一定数值时，通过放大器输出信号将开关切断。

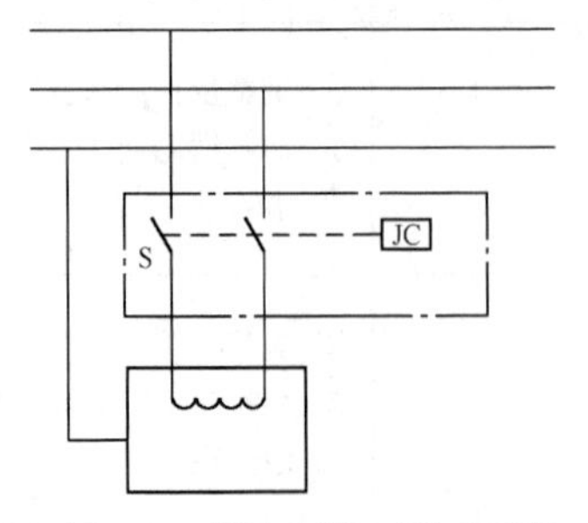

图5-6 漏电保护开关示意图

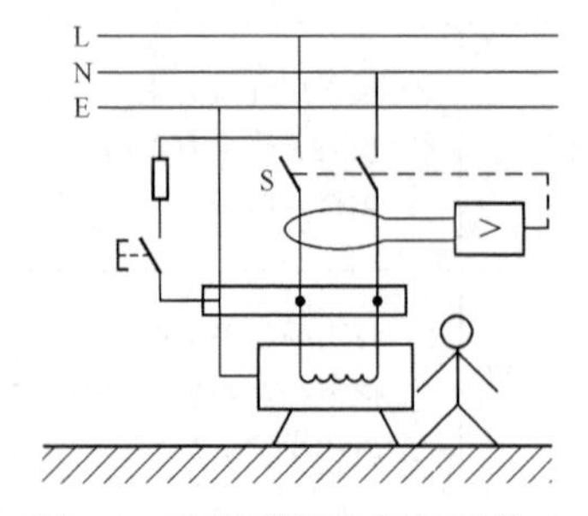

图5-7 电流型漏电保护开关

2. 漏电保护器的选用

应根据使用目的地、安装场所、电压等级、被保护回路泄漏电流以及用电设备的接地电阻数值等因素来确定，常用的选择方法有以下 3 个方面。

（1）根据使用目的来选择。例如直接触电保护是防止人体直接触及电气设备的带电导体而造成的触电伤亡事故。

（2）根据工作电压和使用场所来选择。例如在潮湿场所、建筑工地以及可能受到雨淋或充满水蒸气的地方。由于这些场所触电危险大，所以适宜装动作电流较小（15 mA）并能在 0.1 s 内动作的漏电保护器。

（3）根据电路和用电设备的正常泄漏电流来选择。任何供电线路和用电设备的绝缘电阻不可能是无穷大的，都有一定的泄漏电流存在，所以漏电保护器的动作电流不应小于正常的泄漏电流，否则就破坏了供电的可靠性。

3. 下列场合不宜安装、使用漏电保护器

（1）用于消防设备的电源。如火灾报警器、消防警铃、消防水泵、消防专用电梯等。

（2）用于防盗报警的设备电源。

（3）公共场所及高层建筑的通道照明、紧急进出口照明、应急设备电源等。

（4）无人值班或不易被人接触的地下设备或深井电源。

（5）特殊工作环境排水设备、通风设备电源。如井下、地铁、隧道、手术台等。

（6）其他不允许间断停电的设备。

4. 使用漏电保护器应注意事项

（1）要正确对待人和物的关系，不要以为安装了漏电保护器，就麻痹大意。认真搞好安全用电的宣传、教育工作，才是搞好安全用电的积极措施。

（2）漏电保护器是当发生人体单相触电事故时，才起保护作用。如果人体对地绝缘，只触及两根相线或一相一零时，漏电保护器不动作。

（3）漏电保护器后面的线路是对地绝缘的，如果对地绝缘损坏，漏电超过 15 mA 时，漏电保护器也会动作，切断电源。所以要求对地绝缘必须良好，否则将经常发生误动作。

（4）漏电保护器动作后，应立即查明动作原因。待事故排除后，才能恢复送电。

5.1.4 低压熔断器

低压熔断器的外形如图 5-8 所示，它是低压线路及电动机控制电路中主要起短路保护作用的元件。它串联在线路中，当线路或电气设备发生短路时，通过熔断器的电流超过规定值一定时间后，熔丝熔断，使线路或电气设备脱离电源，起到保护作用。由于熔体在用电设备过载时所通过的过载电流能积累热量，当用电设备连续过载一定时间后，熔体积累的热量也能使其熔断，所以熔断器也可作为过载保护。

图 5-8 螺旋式熔断器

1. 结构和符号

熔断器主要由熔体和安装熔体的熔管（或熔座）两部分组成。熔体是熔断器的核芯，常采用低熔点的铅、锡、锌、铜、银或其他合金材料制成片状或丝状；熔管是熔体的保护外壳，在熔体断时兼有灭弧作用。熔断器的文字符号为 FU，一般用图 5-9 所示的符号表示。

图 5-9 熔断器符号

2. 分类

熔断器按其结构可分为以下几类。

（1）瓷插式熔断器

瓷插式熔断器结构简单、价格低廉、更换熔丝方便，主要在380 V三相电路和220 V单相电路用作保护电器。由于其分断能力低，熔化特性不稳定，故只用于低压分支电路和中小容量控制系统，以及民用照明电路的短路保护。其实物图与结构图如图5-10所示。

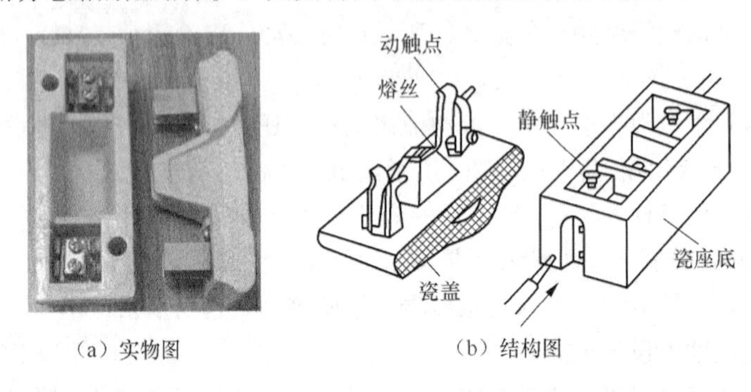

（a）实物图　（b）结构图

图5-10　瓷插式熔断器

（2）螺旋式熔断器

螺旋式熔断器体积小、熔断快、更换熔丝方便、安全可靠，主要用于交流380 V及以下、电流200 A以下的线路及用电设备的过载和短路保护。螺旋式熔断器由瓷底座、熔体、瓷套、瓷帽等组成。瓷帽顶部有玻璃圆孔，其内部有熔断指示器。当熔体熔断时，指示器跳出，它在机床电器中被广泛采用。其结构图如图5-11所示。

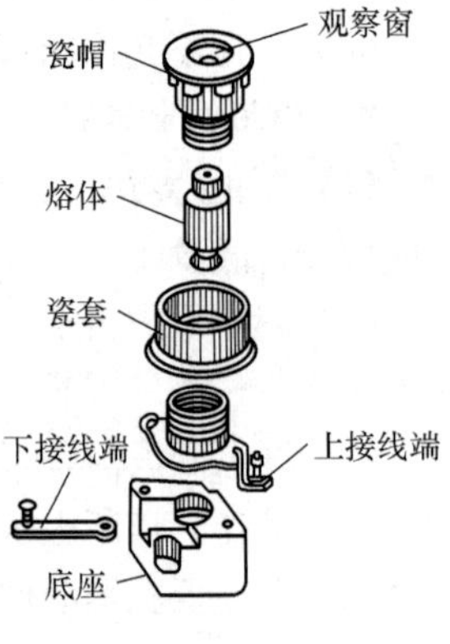

图5-11　螺旋式熔断器结构图

（3）无填料封闭管式熔断器

无填料封闭管式熔断器分断能力强、保护特性好、更换熔体方便，主要用于交流380 V、额定电流1000 A以下的低压线路及配电设备的过载与短路保护。但其造价高、结构复杂、材料消耗较大。其外形如图5-12所示。

（4）有填料封闭管式熔断器

有填料封闭管式熔断器分断能力强、保护特性好、使用安全、带有明显的熔断指示，用于交流380 V、额定电流1000 A以下的高短路电流的电力网络和配电装置中，作为过载与短路保护。但其造价高、熔体不能单独更换。其外形如图5-13所示。

图5-12　有填料封闭管式熔断器

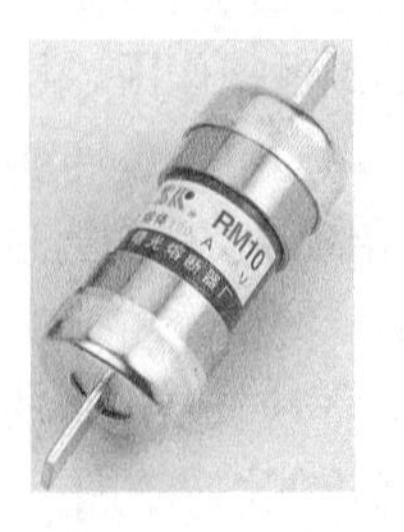

图5-13　无填料封闭管式熔断器

3. 主要性能参数

（1）额定电压

熔断器的额定电压取决于线路的额定电压，它必须大于或等于线路的额定电压。

（2）额定电流

额定电流是指在规定的条件下可以连接使用而不会发生运行变化的电流。额定电流根据被保护电路及设备的额定负载电流选择。

（3）分断能力

分断能力是指在额定电压下能分断的最大电流。其值取决于熔断器的灭弧能力，与熔体额定电流无关。

4. 熔断器的安装与使用

（1）熔断器应完整无损，并具有额定电压和额定电流标志。

（2）瓷插式熔断器应垂直安装，螺旋式熔断器的电源线应接在瓷底座的下接线座上，负载线应接在上接线座上。

（3）熔断器内要安装合格熔体，不能用多根小规格熔体并联代替一根大规格熔体。

（4）安装熔断器时，各级熔体应相互配合，并做到下一级熔体规格比上一级规格小。

（5）安装熔丝时，熔丝应在螺栓上沿顺时针方向缠绕，压在垫圈下，拧紧螺钉的力应适当，以保证接触良好，同时注意不能损伤熔丝，以免减小熔体的截面积，产生局部发热而产生误动作。

（6）更换熔体或熔管时，必须切断电源。尤其不允许带负荷操作，以免发生电弧灼伤。

（7）熔断器兼作隔离器件使用时应安装在控制开关的电源进线端，若仅起短路保护作用，应装在控制开关的出线端。

【练一练】

低压断路器的拆装

表 5-3 考核评分表

分项内容	考核要求	评分标准	分值	得分
低压断路器的拆卸	熟练掌握常用低压断路器的拆卸方法	工具选用正确	10	
		操作方法正确	20	
		零件无变形、受损现象	10	
低压断路器的组装	熟练掌握常用低压断路器的组装方法	组装成功	20	
		操作方法止确	20	
		零件无变形、受损现象	10	
安全文明生产	能够保证人身、设备安全	遵守安全文明操作规程	10	

实训任务 5.2 单相配电板的制作

5.2.1 电度表

1. 分类

电度表又称电能表，是用来测量负载消耗电能的仪表。按原理可划分为感应式电度表和电子式电度表两大类。

（1）感应式电度表

感应式电度表的型号可分为 DD 系列、DS 系列和 DT 系列。DD 系列为单相电能表，第二个 D 表示单相；DS 系列为三相三线有功电能表，S 表示三相三线制；DT 系列为三相四线有功电能表，T 表示三相四线制。

感应式电度表采用电磁感应原理把电压、电流、相位转变为磁力矩，推动铝制圆盘转动，圆盘的轴（蜗杆）带动齿轮驱动计度器的鼓轮转动，转动的过程即是时间量累积的过程。因此感应式电度表的优点就是直观、动态连续、停电不丢数据。

感应式电度表对工艺要求高，材料涉及广泛，有金属、塑料、宝石、玻璃、稀土等，对此，产品的相关材料标准都有明确的规定和要求，用低价的劣质材料代替标准规格的材料是影响电度表产品质量的主要问题之一，因此像大多数商品一样，价格过低的商品难有质量保证。

感应式电度表的生产工艺复杂，但早已成熟和稳定，工装器具也全面配套。其生产环境对温度、湿度和空气净化度的要求较高。

（2）电子式电度表

电子式电度表运用模拟或数字电路得到电压和电流向量的乘积，然后通过模拟或数字电路实现电能计量功能。由于应用了数字技术，分时计费电能表、预付费电度表、多用户电度表、多功能电度表纷纷登场，进一步满足了科学用电、合理用电的需求。

目前从总体来看，感应式电度表与电子式电度表相比，感应式电度表生产的数量较多。但电子式电度表的产量有明显上升的趋势。

此外，按测量电能的准确度等级划分，一般有 1 级和 2 级表，1 级表示电能表的误差不超过±1%，2 级表示电能表的误差不超过±2%。按附加功能划分，有多费率电能表、预付费电能表、多用户电能表、多功能电能表、载波电能表等。多费率电能表或称分时电能表、复费率表，俗称峰谷表，是近年来为适应峰谷分时电价的需要而提供的一种计量手段。

2. 单相电度表

结构

单相交流感应式电度表的结构如图 5-14 所示。它主要由驱动元件、转动元件、制动元件和积算机构等组成。图中，1 是电压线圈，它绕在由硅钢片构成的铁芯 2 上，通常是用 0.1～0.15 mm 的漆包线绕制而成，其匝数较多，为 8000～12000 匝；3 是电流线圈，绕在 U 字形的铁芯两边，其匝数可根据安匝数确定，通常为 70～150 安匝；铝盘 4 固定在转轴 5 上，并置于两个电磁铁之间，当转轴 5 在上、下轴承 6、7 的支撑下转动时，通过蜗杆、蜗轮 8 的传动，带动计度器转动计度，9 是永久磁铁。各主要部件的作用如下：

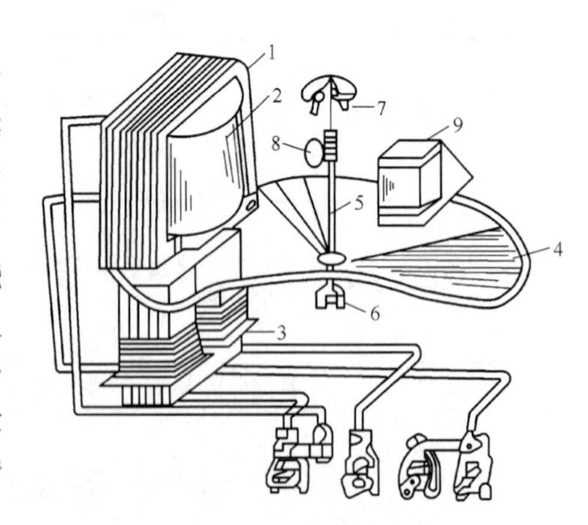

图 5-14 感应式电度表的结构

1—电压线圈；2—铁芯；3—电流线圈；4—铝盘；5—转轴；6、7—上、下轴承；8—蜗轮；9—永久磁铁

① 驱动元件

驱动元件由电压元件（电压线圈及其铁芯）和电流元件（电流线圈及其铁芯）组成。其中电压线圈与负载并联，电流线圈与负载串联，所以电压元件又称

为并联电磁铁。电流元件又称为串联电磁铁。

驱动元件的作用是产生转矩，当把两个固定电磁铁的线圈接到交流电路时，便产生交变磁通，使处于电磁铁空气隙中的可动铝盘产生感应电流（即涡流），此感应电流受磁场的作用而产生转动力矩，驱使铝盘转动。

② 转动元件

转动元件由可动铝盘和转轴组成。转轴固定在铝盘的中心，并采用轴尖轴承支承方式。当转动力矩推动铝盘转动时，通过蜗杆、蜗轮的作用将铝盘的转动传递给积算机构计度。

轴承的质量，对电度表的使用寿命起着重要的作用，因此，下端的轴承通常采用宝石制成，使铝盘既能灵活转动，又使摩擦力减小。有些电度表的转轴上，还装有一个防潜针，用来防止潜动。所谓潜动，是指电度表无载自转。按规定，使用电压为额定值的 80%～110%时，潜动不应超过一圈。

③ 制动元件

制动元件又叫制动磁铁，它由永久磁铁和可动铝盘组成。电度表若无制动元件，犹如前面所讲的指针式仪表无游丝一样，铝盘在转矩的作用下，将越转越快而无法计度。装设制动元件以后，可使铝盘的转速与负载功率的大小成正比，从而使电度表能用铝盘转数正确反映负载所耗电能的大小。

④ 积算机构

积算机构又叫计度器。它由蜗杆、蜗轮、齿轮和字轮组成，如图 5-15 所示。当铝盘转动时，通过蜗杆、蜗轮和齿轮的传动作用，同时带动字轮转动，从而实现计算电度表铝盘的转数，达到累计电能的目的。

电度表的字轮有 5 个（图中只画出两个），在其侧面刻有 0～9 的 10 个数字，并按十进制进位。第一个字轮每转一周（右面的一个），同时带动第二个字轮旋转一个数字（左面的一个），而第二个字轮每转一周，又使第三个字轮转过一个数字，以此类推。其中最右边的一个数字为小数，把 5 个数字合拼起来，即可反映负载消耗电能的总度数（千瓦小时数）。

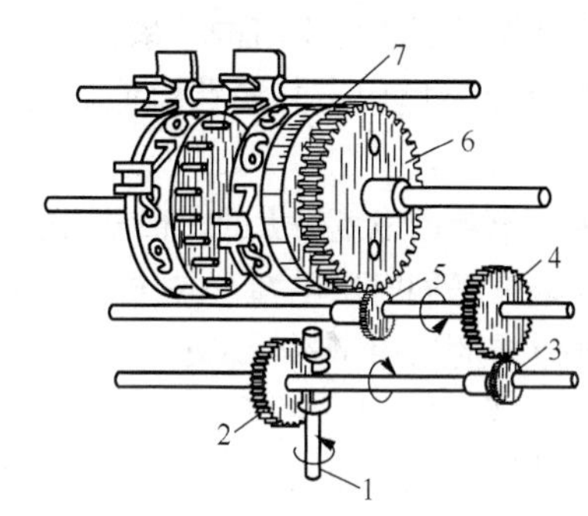

图 5-15 积算机构

1—蜗杆；2—蜗轮；3、4、5、6—齿轮

7—字轮

5.2.2 单相配电板的设计和元器件的选择

以家庭配电线路为例来介绍低压配电线路的设计和安装过程。

假设有两室一厅房间（两个卧室、1 个客厅，1 个卫生间，1 个厨房）的配电线路需要设计和安装。

室内安装现普遍采用了多回路布线，将照明电路、厨房和卫生间的电源插座、普通插座、空调用电线路等分别设置成独立的回路，有独立的断路器（空气开关）加以保护。除了空调电源插座外，其他电源插座一般还加装了漏电保护器。

照明电路主要有吊灯、吸顶灯、壁灯、防水灯等若干，有的还安装有吊扇。插座线路分成三路，分别为厨房电源插座、卫生间电源插座和普通插座。厨房电源插座主要用于微波炉、电饭煲、消毒柜，有的还有电磁炉、电烤箱等使用。卫生间电源插座主要用于电热水器、浴霸等。普通插座主要用于插接电冰箱、电视机等，有时可能用于电暖器、电熨斗、电开水壶等大功率负载。空调用电线路专门用于空调。

1. 家庭用电负荷计算

家庭用电负荷是确定电度表的容量、进线总开关脱扣器额定电流和进户线规格的主要依据，它一般根据负荷电流来确定。

负荷电流大小计算公式为

$$电流(A)=\frac{功率(W)}{额定电压(V)\times 功率因素\cos\theta\times 效率}$$

常用住宅用电负荷的功率有：照明灯、电扇的功率一般为 20～60 W；电视机一般为 50~200 W；微波炉一般为 600~1500 W；电饭煲为 500~1700 W；电磁炉为 300 ~1800 W；电热水器为 800~2000 W；电冰箱为 70~250 W；电暖器为 800~2500 W；电烤箱为 800~2000 W；消毒柜为 600~800 W；电熨斗为 500~2000 W；空调器为 600~5000 W 等。

纯电阻性负荷，如白炽灯、电热器等，计算时一般不考虑功率因素和效率（都设为 1）；感性负荷，如荧光灯、电视机、洗衣机等，计算时可适当考虑功率因素；单相电动机，如洗衣机、电冰箱等还要适当考虑电机的效率。

但计算家庭用电总负荷电流时要考虑这些用电设备的同时用电率，即总负荷电流的计算公式为：

总负荷电流＝用电量最大的一台家用电器的额定电流＋同时用电率×其余用电设备的额定电流之和

一般家庭同时用电率可取 0.5～0.8，家用电器越多，此值取得越小。普通家庭的电度表、进户线规格等的选用可参考表 5-4。

表 5-4　家庭用电量和设置规格的选用

套型	使用面积/m^2	用电负荷/kW	计算电流/A	进线总开关脱扣器额定电流/A	电度表容量/A	进户线规格/mm^2
一类	50 以下	5	20.20	25	10（40）	BV—3×6
二类	50～70	6	25.30	30	10（40）	BV—3×8
三类	75～80	7	35.25	40	15（60）	BV—3×10
四类	85～90	9	45.45	50	15（60）	BV—3×16
五类	100	11	55.56	60	20（80）	BV—2×25+1×16

具体在每户的用电量计算上，可以按家用电器的说明书上标有的最大功率，计算在最有可能同时使用的电器最大功率的情况下的总用电量，但计算时要考虑到远期用电发展。

一定要按照电度表的容量来配置家用电器。如果电度表容量小于同时使用的家用电器最大使用容量，则必须更换电度表，并同时考虑入户导线的端面积是否符合容量的要求。

2. 导线的选择

选用导线的首要原则是必须保证线路安全、可靠地长期运行，在此前提下兼顾经济性和敷设施工的方便。

（1）电线型号的含义

□ □ □（V）- n×d:

第一个□：导线类型。B 用于布线；R 为软导线。

第二个□：导体材质。L 为铝芯；T 为铜（一般不标）。

第三个□：绝缘材料。“X”表示橡胶绝缘；“V”表示聚氯乙烯塑料绝缘。

（V）：护套线。

“n”：导线根数。

“d”：导线的截面积（mm^2）。

例如：BV-3×4：聚氯乙烯绝缘铜芯导线 3 芯，每芯截面积 4 mm^2；

BLX-2×2.5：橡胶绝缘铝芯导线 2 芯，每芯截面积 2.5 mm^2；

BVV-3×4：聚氯乙烯塑料绝缘、聚氯乙烯塑料铜芯护套线 3 芯，每芯截面积 4 mm^2。

（2）导线额定电压的选择

额定电压是指绝缘导线在长期安全运行中，其绝缘层所能承受的最高工作电压。

通常使用的电源有单相 220 V 和三相 380 V。不论是 220 V 供电电源，还是 380 V 供电电源，导线均应采用额定电压 500 V 的绝缘电线；而额定电压 250 V 的聚氯乙烯塑料绝缘软电线（俗称胶质线或花线），只能用作吊灯用导线，不能用于布线。

（3）允许载流量和导线截面的选择

允许载流量是指导线在长期安全运行所能承受的最大电流。允许载流量与导线的材料和截面积有关，截面积越大，允许通过的载流量就越大，截面相同的铜芯导线比铝芯导线的允许载流量要大。允许载流量还与导线的使用环境、敷设方式有关。导线截面积规格有 1.0、1.5、2.5、4、6、10、16、25、35、50 mm^2 等。导线的截面主要是根据导线的安全载流量来选择，常见橡皮或塑料绝缘线截面与安全载流量见表 5-5。

表 5-5 橡皮或塑料绝缘线安全载流量 单位：A

标称截面/mm^2	BX	BLX	BV	BLV
1	20		18	
1.5	25		22	
2.5	33	25	30	23
4	42	33	40	30
6	55	42	50	40
10	80	55	75	55
16	105	80	100	75
25	140	105	130	100
35	170	140	160	125
50	225	170	205	150
75	280	225	255	185
95	340	280	320	240

说明：BX（BLX）铜（铝）芯橡皮绝缘线或 BV（BLV）铜（铝）芯聚氯乙烯塑料绝缘线，广泛应用于 500 V 及以下交直流配电系统中，作为线槽、穿管或架空走道敷设的机间连线或负荷电源线。此表所列数据为周围温度为 35℃、导线为单根明敷时的安全载流量值。

（4）考虑所选导线的机械强度

有些负荷小的设备，虽然选择很小的截面就能满足允许电流的要求，但还必须查看是否满足导线机械强度所允许的最小截面，如果这项要求不能满足，就要按导线机械强度所允许的最小截面重新选择。

（5）导线颜色的选择

敷设导线时，相线 L、零线 N 和保护接地线 PE 应采用不同颜色的导线。导线颜色都有相关规定，如 U、V、W 相线分别采用黄、绿、红颜色，中性线或保护接地线采用绿/黄双色线；单相电源时，相线采用红色，零线用浅蓝色（或白色），保护接地线采用绿/黄色双色或黑色等。如果住户自己布线，因条件限制，导线颜色的选择可以适当放宽，但也有一定要求，因篇幅限制，不再介绍。

不同功率用电量的进线规格可参考表 5-4。家庭各支路导线选择，照明线路一般用 BV-2×2.5 mm^2，普通插座线路用 BV-3×2.5 mm^2，厨房和卫生间的电源插座、空调线路为 BV-3×4 mm^2。

3. 电度表的选择

电度表分单相电度表、三相三线有功电度表及三相四线有功电度表等，生活照明用的是单相电度表。电度表容量选择太大或者太小，都会造成计量不准，且容量选择太小，还会烧毁电度表。

电度表的规格以标定电流的大小划分，有 1 A、2 A、2.5 A、3 A、5 A、10 A、15 A、30 A 等。标定电流表示电度表计量电能时的标准计量电流，额定最大电流是指该表可在一定时间内超载运行的最大电流值，因此，额定最大电流又表明了电度表的过载能力。

选择的电度表可按其额定最大电流来考虑使用容量。如标有“DD862-4，220V，10（40）A，50Hz，360r/kW.h”的电度表的含义是：单相电度表的额定电压为 220 V，工作频率为 50 Hz，额定电流为 10 A，允许使用的最大电流为 40 A，消耗每千瓦时的电功，电度表转动 360 r。这样就可以知道这个电度表允许用电器的最大功率为 $P=UI=220\text{ V}\times 40\text{ A}=8800\text{ W}$。

如果两室一厅房间的用电器有：电视机 2 台（65 W、85 W），电冰箱 1 台（95 W），空调 2 台（1350 W，1800 W），照明灯 4 只共 80 W，其他如微波炉、电饭煲、电热水器、消毒柜、电熨斗等，是不经常使用的，故要适当考虑这些用电设备的同时用电率，其功率假定为 2800 W。家庭总用电量大约为 6500 W，而且还应留有适当的余量。若选用 10（40）A 的电度表，其允许的最大功率为 8800 W，就很合适。如果用电设备的同时用电率比较高，考虑远期用电发展，也可使用容量为 15（60）A 的电度表。

4. 断路器的选择

断路器的额定工作电压应大于或等于被保护线路的额定电压，额定电流应大于或等于被保护线路的计算负载电流。当家庭总用电量为 6500 W 时，其负载电流 $I=P/U=6500\text{ W}/220\text{ V}=29.5\text{ A}$，故总线路采用带漏电保护器的低压断路器 C65N-C32，额定电流为 32 A，分线路使用额定电流为 16 A 的 C65N-C16 低压断路器。

5. 熔断器的选择

熔断器的保险丝应根据用电容量的大小来选用。家用保险丝的规格一般为电表容量的 1.2~2 倍。如使用容量为 5 A 的电表时，保险丝应大于 6 A 小于 10 A；使用容量为 10 A 的电表时，保险丝应大于 12 A 小于 20 A。

5.2.3 单相配电板的制作

1. 室内布线

室内布线就是敷设室内用电器具的供电电路和控制电路，室内布线有明装式和暗装式两种。明装式是导线沿墙壁、天花板、横梁及柱子等表面敷设；暗装式是将导线穿管埋设在墙内、地下或顶棚里。

室内布线方式分有瓷夹板布线、绝缘子布线、槽板布线、护套线布线和线管布线等。暗装式布线中最常用的是线管布线，明装式布线中最常用的是绝缘子布线和槽板布线。

室内布线不仅要使电能安全、可靠地传送，还要使线路布置正规、合理、整齐和牢固。具体要求如下。

（1）所用导线的额定电压应大于线路的工作电压，导线的绝缘应符合线路的安装方式和敷设的环境条件；导线的截面积应满足供电安全电流和机械强度的要求。

（2）布线时应尽量避免导线有接头，若必须有接头时，应采用压接或焊接，连接方法按导线连接中的操作方法进行，然后用绝缘胶布包缠好。穿在管内的导线不允许有接头，必要时应把接头放在接线盒、开关盒或插座盒内。

（3）布线时应水平或垂直敷设，水平敷设时导线距地面不小于 2.5 m，垂直敷设时导线距地面不小于 2 m，布线位置应便于检查和维修。

（4）导线穿过楼板时，应敷设钢管加以保护，以防机械损伤。导线穿过墙壁时，应敷设塑料管保护，以防墙壁潮湿产生漏电现象。导线相互交叉时，应在每根导线上套绝缘管，并将套管牢靠固定，以避免碰线。

（5）为确保用电的安全，室内电气线路及配电设备与其他管道、设备间的最小距离，应符合有关规定，否则应采取其他保护措施。

2. 电源插座的安装工艺

电源插座是各种用电器具的供电点，一般不用开关控制，只串接瓷保险盒或直接接入电源。单相插座分双孔和三孔，三相插座为四孔。照明线路上常用单相插座，使用时最好选用扁孔的三孔插座，它带有保护接地，可避免发生用电事故。

明装插座的安装需先安装圆木或木台，然后把插座安装在圆木或木台上，对于暗敷线路，需要使用暗装插座，暗装插座应安装在预埋墙内的插座盒中。

两孔插座在水平排列安装时，应零线接左孔，相线接右孔，即左零右火；垂直排列安装时，应零线接上孔，相线接下孔，即上零下火。三孔插座安装时，下方两孔接电源线，零线接左孔，相线接右孔，上面大孔接保护接地线。

插座的安装高度一般应与地面保持 1.4 m 的垂直距离，特殊需要时可以低装，但离地高度不得低于 0.15 m，且应采用安全插座。托儿所、幼儿园和小学等儿童集中的地方禁止低装。

在同一块木台上安装多个插座时，每个插座相应位置和插孔相位必须相同，接地孔的接地必须正规，相同电压和相同相数的插座应选用统一的结构形式，不同电压或不同相数的插座应选用有明显区别的结构形式并标明电压。

【练一练】

单相配电板的设计与制作

（1）实训内容

① 正确选择元器件、导线和截面。

② 画出单相配电板的原理图和元器件布置图。

③ 在实训板上布置安装元器件。

（2）设备器材

单相电度表、单相漏电保护器、闸刀开关、熔断器、插座、灯座。

（3）电工工具

万用表、剥线钳、斜口钳、螺丝旋具、验电笔。

（4）实训操作步骤

① 设计画出单相配电板的原理电路图和实物布置图。

② 观察设备器材，检测质量好坏，学会使用与安装。

③ 安装与布线接线。

④ 使用万用表检测电路正确性。

⑤ 申请通电检验。

⑥ 分析排除故障。

表 5-6　　单相配电板电路评分表

评分标准	配分	得分
电路设计正确合理	10	
元器件摆放合理，固定牢固	20	
走线合理、接线牢固	30	
绝缘良好	10	
插座左零右火	20	
通电检测一次成功	10	

实训任务 5.3　三相配电箱的制作

5.3.1　配电箱

配电箱和配电柜、配电盘、配电屏、电器柜等，是集中安装开关、仪表等设备的成套装置。它的作用是合理地分配电能，方便对电路的开合操作。它有较高的安全防护等级，能直观地显示电路的导通状态，便于管理，当发生电路故障时有利于检修。

配电箱是按电气接线要求将开关设备、测量仪表、保护电器和辅助设备组装在封闭或半封闭金属柜中或屏幅上，构成低压配电箱。正常运行时可借助手动或自动开关接通或分断电路。故障或不正常运行时借助保护电器切断电路或报警。借测量仪表可显示运行中的各种参数，还可对某些电气参数进行调整，对偏离正常工作状态进行提示或发出信号。配电箱常用于各工厂、建筑、变电所中。

配电箱按结构特征和用途，可分为以下几类，如图 5-16 所示。

（a）固定面板式开关柜

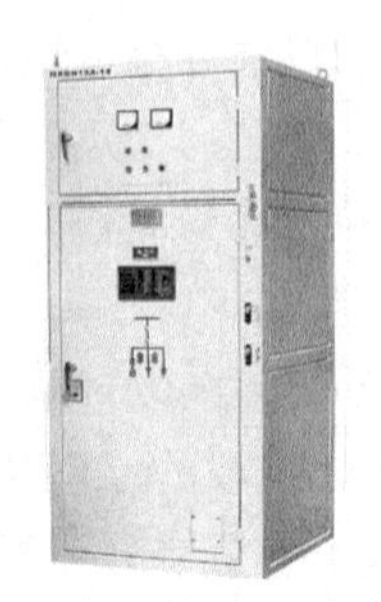

（b）防护式开关柜

图 5-16　常用的配电箱外形图

（c）抽屉式开关柜

（d）动力、照明配电控制箱

图 5-16 常用的配电箱外形图（续）

（1）固定面板式开关柜

固定面板式开关柜常被称为开关板或配电屏。它是一种有面板遮拦的开启式开关柜，正面有防护作用，背面和侧面仍能触及带电部分，防护等级低，只能用于对供电连续性和可靠性要求较低的工矿企业，作为变电室集中供电用。

（2）防护式（即封闭式）开关柜

防护式开关柜是指除安装面外，其他所有侧面都被封闭起来的一种低压开关柜。这种柜子的开关、保护和监测控制等电气元件，均安装在一个用钢或绝缘材料制成的封闭外壳内，可靠墙或离墙安装。柜内每条回路之间可以不加隔离措施，也可以采用接地的金属板或绝缘板进行隔离。通常门与主开关操作有机械联锁。另外，还有防护式台型开关柜（即控制台），面板上装有控制、测量、信号等电器。防护式开关柜主要用作工艺现场的配电装置。

（3）抽屉式开关柜

抽屉式开关柜采用钢板制成封闭外壳，进出线回路的电器元件都安装在可抽出的抽屉中，构成能完成某一类供电任务的功能单元。功能单元与母线或电缆之间用接地的金属板或塑料制成的功能板隔开，形成母线、功能单元和电缆 3 个区域。每个功能单元之间也有隔离措施。抽屉式开关柜有较高的可靠性、安全性和互换性，是比较先进的开关柜。开关柜多数是指抽屉式开关柜，适用于要求供电可靠性较高的工矿企业、高层建筑，作为集中控制的配电中心。

（4）动力、照明配电控制箱

动力、照明配电控制箱多为封闭式垂直安装。因使用场合不同，外壳防护等级也不同。它们主要作为工矿企业生产现场的配电装置。

5.3.2 三相电度表和电流互感器

1. 三相交流电度表

（1）结构

三相交流电度表的结构与单相交流电度表相似，它是把两套或三套单相电度表机构套装在同一轴上组成，只用一个“积算”机构。由两套组成的叫两元件电度表，由三套组成的叫三元件电度表。前者一般用于三相三线制电路，后者可用于三相三线制及三相四线制电路。

（2）接线原理图

① 三相交流电度表接线原理图。三相交流电度表的接线如图 5-17 所示，其中图 5-17（a）为二元件电度表接线，图 5-17（b）为三元件电度表接线。如果负载电流超过电度表的量程，须经

过电流互感器将电流变小，接线如图 5-18 所示。

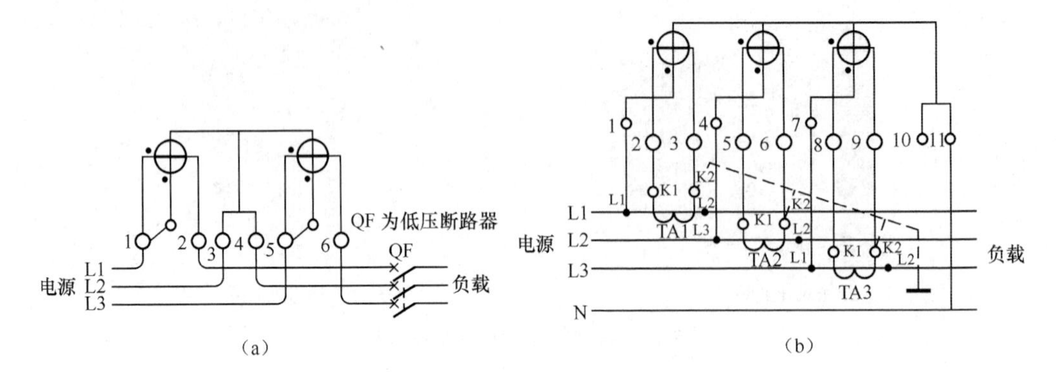

图 5-17　三相电度表的原理图

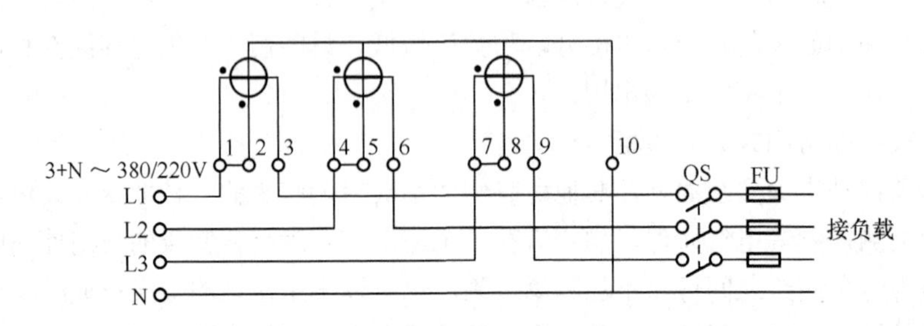

图 5-18　带电流互感器的三相电度表原理图

② 单相电度表三相测量的接线原理图。该方法适用于三相四线制电路，负载不对称时，用三只单相交流电度表测量出三相各自的功率值，如图 5-19 所示。

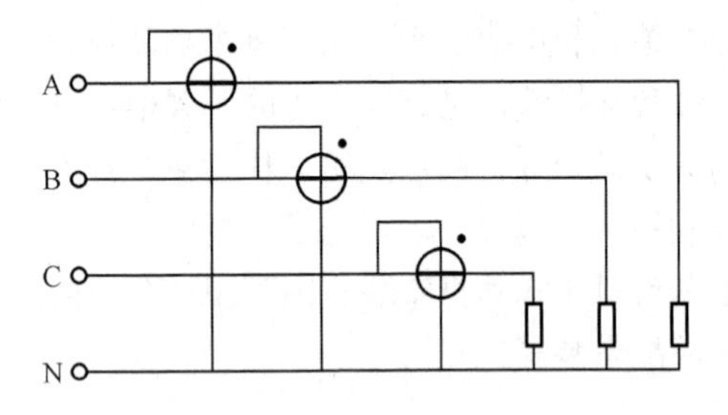

图 5-19　单相电度表三相测量的原理图

（3）接线方法

① 直接式三相四线制电度表的接线（三元件电度表）。这种电度表共有 11 个接线柱头，从左到右按 1～11 编号，其中 1、4、7 是电源相线的进线柱头，用来连接从总熔丝盒下柱头引出来的 3 根相线；3、6、9 是相线的出线柱头，分别去接总开关的 3 个进线柱头；10、11 是电源中性线的进线柱，如图 5-20 所示。

② 直接式三相三线制电度表的接线（二元件电度表）。这种电度表共有 8 个接线柱头，其中 1、4、6 是电源相线进线柱头；3、5、8 是相线出线柱头；2、7 两个接线柱可空着，如图 5-21 所示。

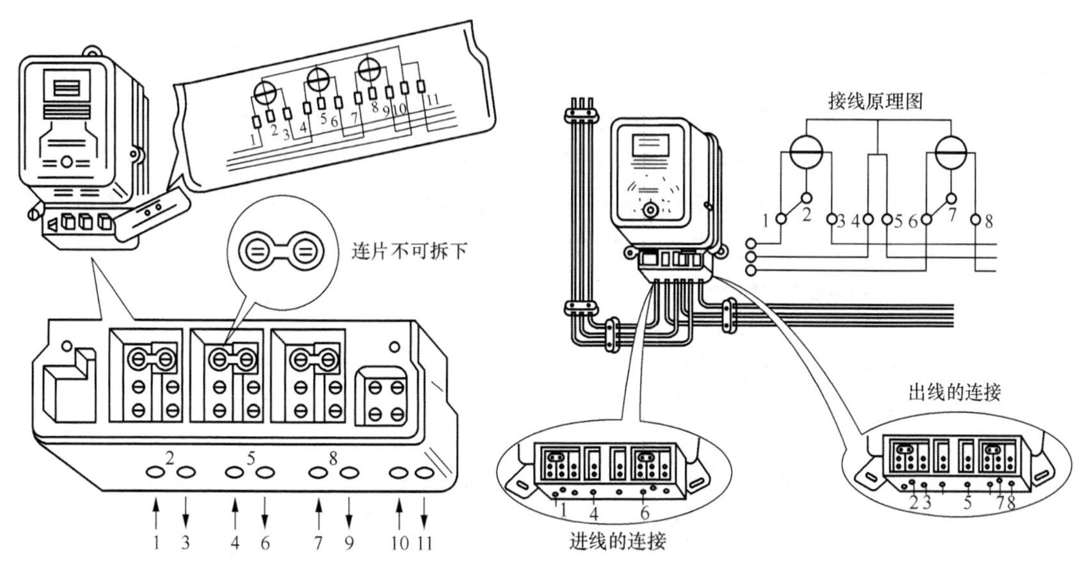

图 5-20 直接式三相四线制电度表的接线　　图 5-21 直接式三相三线制电度表的接线

③ 间接式三相四线制电度表的接线（三元件电度表）。这种三相电度表需配用三个规格相同的电流互感器，接线是把从总熔丝盒下接线柱头引出来的 3 根相线，分别与 3 个电流互感器初级的"+"接线柱头连接，同时用 3 根绝缘导线从这 3 个"+"接线柱引出，穿过钢管后分别与电度表 2、5、8 这 3 个接线柱连接，接着用 3 根绝缘导线，从 3 个电流互感器二次侧的"+"接线柱头引出。穿过另一根钢管与电度表 1、4、7 这 3 个进线柱头连接，然后用一根绝缘导线穿过后一根保护钢管，一端连接 3 个电流互感器二次侧的"-"接线柱头，另一端连接电度表的 3、6、9 这 3 个出线柱头，并把这根导线接地，最后用 3 根绝缘导线，把 3 个电流互感器的一次侧的"-"接线柱头分别与总开关 3 个进线柱头连接起来，并穿过前一根钢管与电度 10 进线柱连接，接线柱 11 是用来连接中性线的出线，如图 5-22 所示。接线时应将电度表接线盒内的 3 块连接片都拆下。

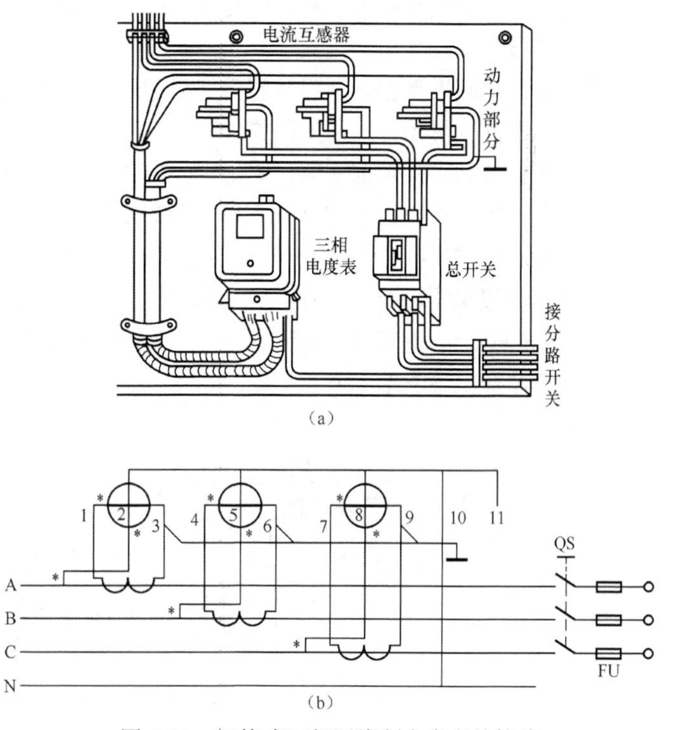

图 5-22 间接式三相四线制电度表的接线

④ 间接式三相三线制电度表的接线（二元件电度表）。这种电度表需配用两个同规格的电流互感器。接线时把从总熔丝盒下接线柱头引出来的 3 根相线中的两根相线，分别与两个电流互感器一次侧的"+"接线柱头连接。同时从这两个"+"接线柱头用铜芯塑料硬线引出，并穿过钢管分别接到电度表 2、7 接线柱头上；接着从两个电流互感器二次侧的

“+”接线柱用两根铜芯塑料硬线引出，并穿过另一根钢管分别接到电度表 1、6 接线柱头上；然后用一根导线从两个电流互感器二次侧的“-”接线柱头引出，穿过后一根钢管接到电度表的 3、8 接线柱头上，并应把这根导线接地；最后将总熔丝盒下柱头余下的一根相线和从两个电流互感器一次侧的“-”接线柱头引出的两根绝缘导线，接到总开关的 3 个进线柱头上，同时从总开关的一个进线柱头（总熔丝盒引入的相线柱头）引出一根绝缘导线，穿过前一根钢管，接到电度表 4 接线柱上，如图 5-23 所示。注意应将三根电度表接线盒内的两块连片都拆下。

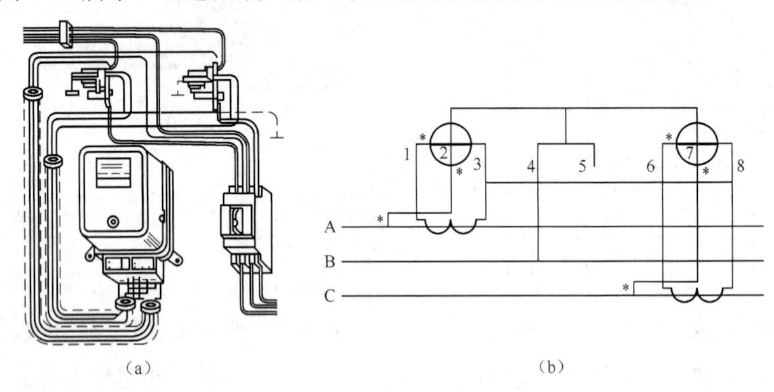

图 5-23　三相三线制电度表间接接线外形图

2. 电流互感器

若被测电路的电流很大，有时在几十安以上，就使得仪表的容量太小而不能直接串接在被测电路中去进行测量。

为了扩大电流表量程，利用互感器把大电流变为电流表能测量的小电流，实际上就是升压变压器，叫作电流互感器。接线如图 5-24（a）所示。

在仪表计数和实际数值之间，就出现倍数关系，可以按交流比进行换算。

电流互感器二次侧标有“K1”或“+”的接线柱要与电度表电流线圈的进线柱连接，标有“K2”或“-”的接线柱要与电度表的出线柱连接，不可接反，电流互感器的一次侧标有“L1”或“+”的接线柱，应接电源进线，标有“L2”或“-”的接线柱应接出线，如图 5-24（b）所示。

电流互感器的二次侧的“K2”或“-”接线柱外壳和铁芯都必须可靠接地。在安装时电流互感器必须安装在电度表的上方。

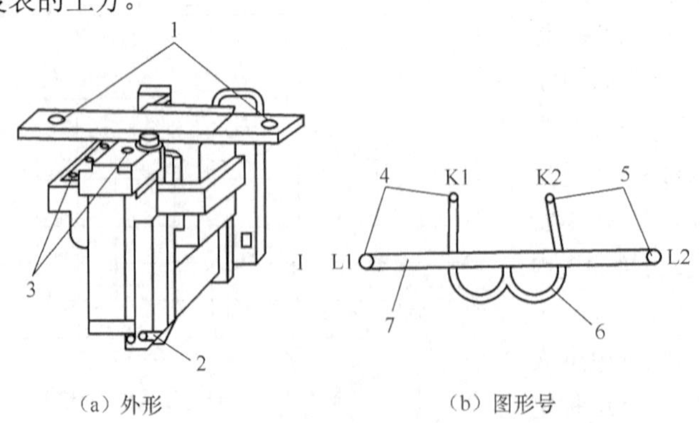

图 5-24　电流互感器外形、原理符号

1—一次回路接线柱；2—接线柱；3—二次回路接线柱；

4—进线柱；5—出线柱；6—次级绕组；7—初级绕组

5.3.3 动力配电箱的安装

专门用于工矿企业动力设备配电的装置，称为动力配电箱。车间内的动力配电箱，可以采用专业制造厂生产的标准产品，也可以根据技术力量和实际需要，自制标准产品和非标准产品。本小节仅介绍标准配电箱的安装方法。

通常标准配电箱内的仪表、开关、电器等元器件都是由制造厂提供的，现场只需进行检查和调试。调试合格后，就可根据现场条件选择适当方法进行安装。配电箱的安装主要有悬挂式安装、嵌墙式安装和落地式安装等方式。

1. 基本要求

（1）配电箱的安装应靠近电源处，装设在干燥、明亮、通风、常温、便于操作和维护的场所，不得装在有瓦斯、蒸汽、烟气、液体、化学腐蚀、热源烘烤的地方，否则应采取防护措施。

（2）配电箱的安装高度，应按设计要求确定。通常，暗装时配电箱底口距地面为 1.4 m，明装时为 1.2 m，但明装电能表箱应加高到 1.8 m。装在室外时对地距离不应小于 2.5 m。配电箱安装的垂直偏差不应大于 3 mm，操作手柄距侧墙的距离不应小于 200 mm。

（3）在 240 mm 厚的墙壁内暗装配电箱时，应在土建工程砌砖时预留比箱体各边大 20 mm 的墙洞，在墙后壁需加装 10 mm 厚的石棉板和直径为 2 mm、孔洞为 10 mm 的铁丝网，再用 1∶2 水泥砂浆抹平，以防开裂。

（4）明装配电箱，应在土建施工时埋好木砖、开脚螺栓、膨胀螺栓或其他固定件。

（5）配电箱与墙壁接触部分应涂刷防腐漆，箱内壁和盘面应涂刷两道灰色油漆。箱门油漆的颜色，除设计有特殊要求外，一般与工程门窗的颜色相同。铁制配电箱需先涂防锈漆，再涂油漆。

（6）配电箱内连接计量仪表、互感器等的二次侧导线，应采用截面积不小于 2.5 mm^2 的铜芯绝缘导线。

（7）配电箱后面的布线应排列整齐，绑扎成束，并用卡钉紧固在盘板上。从配电箱中引出和引入的导线，应留出适当长度，以利于检修。

（8）相线穿过盘面时，木制盘面需套瓷管头，铁制盘面需装橡胶护圈。零线穿过木制盘面时，可不加瓷管头，只需套上塑料套管即可。

（9）为了提高动力配电箱中布线的绝缘强度和便于维护，导线均需按相位颜色套上软塑料套管，分别以黄、绿、红、黑色表示 A、B、C 相（L1、L2、L3 相）和零线。

（10）零线在配电装置上不得串接。零线端子板上分支路的排列必须与相应的熔断器对应，面对配电盘从左到右编排 1，2，3…。

2. 配电箱在墙上安装

配电箱在墙上安装示意图如图 5-25 所示，安装步骤和方法如下。

（1）预埋固定螺栓

在现有墙上安装配电箱以前，应量好配电箱安装孔的尺寸，在墙上划出孔的位置，然后凿孔洞，预埋固定螺栓（有时采用塑料胀管固定）。预埋螺栓的规格可根据配电箱的型号和质量来选择。螺栓的长度应为埋设深度（一般为 120～150 mm）加箱壁、螺母和垫圈的厚度，再加 3～5 mm 的余留长度。配电箱一般上、下各 2 个固定螺栓，埋设时应使用水平尺和线锤来校正，使其呈水平和垂直状态，螺栓中心间距应与配电箱安装孔中心间距相等，以免安装困难。

（2）配电箱的固定

待预埋件的填充材料凝固干透，就可进行配电箱的安装固定。固定前，先用水平尺和线锤校正箱体的水平度和垂直度，若不符合要求，则应查明原因，调整后再将配电箱可靠固定。

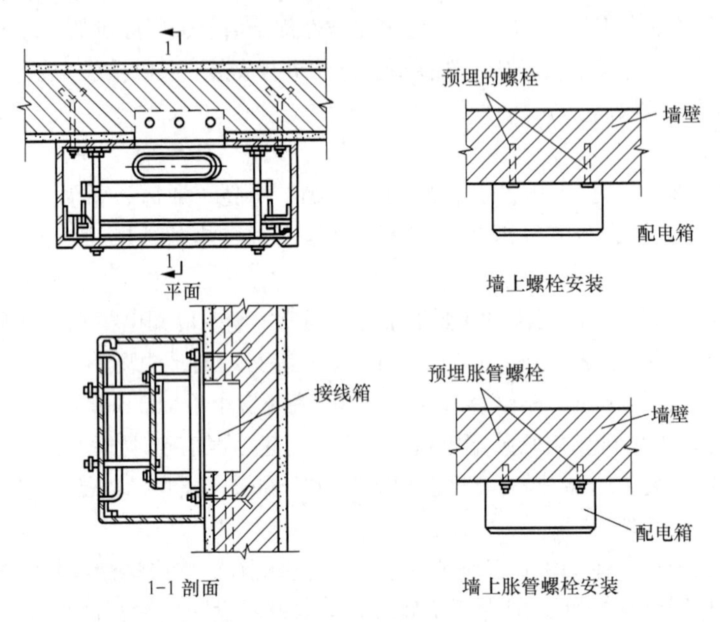

图 5-25　配电箱在墙上安装

3. 配电箱在支架上安装

在支架上安装配电箱以前，应将支架加工焊接好，并在支架上钻好固定螺栓的孔眼，然后将支架固定在墙上或埋设在地坪上。配电箱在支架上的安装固定与在墙上的安装固定方法相同，如图 5-26 所示。

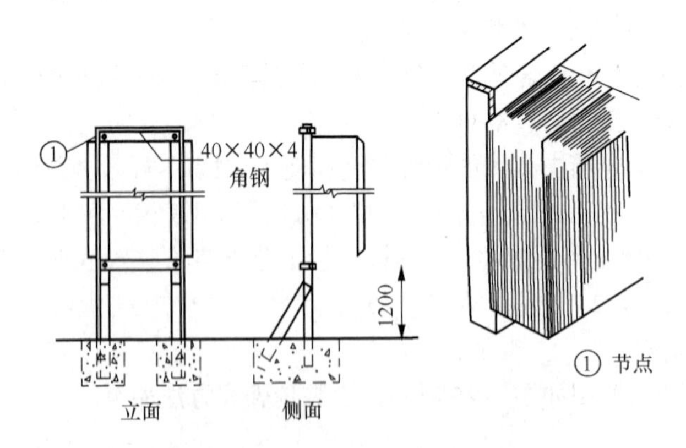

图 5-26　配电箱在落地支架上安装

4. 配电箱在柱上安装

在柱上安装配电箱以前，应先在柱上装设解钢和抱箍，然后在上、下解钢中部的配电箱安装孔处焊接固定螺栓的垫铁，并钻好孔，最后将电箱固定安装在角钢垫铁上，如图 5-27 所示。

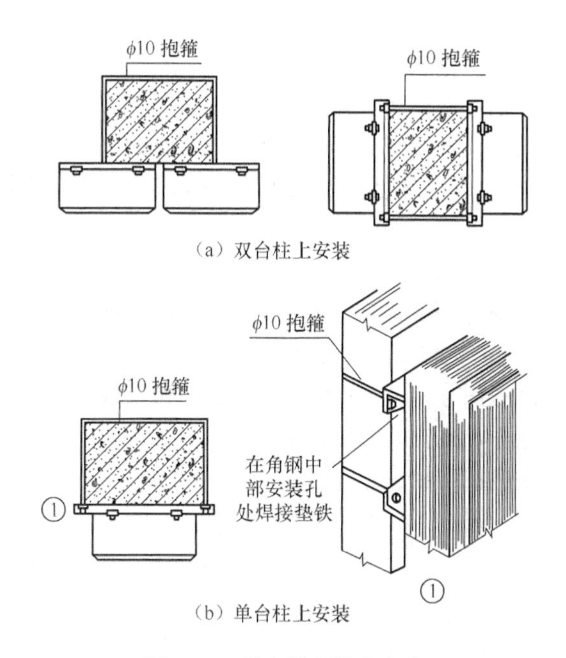

图 5-27 配电箱在柱上安装

5. 配电箱的嵌墙式安装

配电箱的嵌墙式安装应配合配线工程的暗敷设进行。待预埋线管施工完毕，将配电箱的箱体嵌入墙内（有时将线管与箱体组合后，在土建施工时埋入墙内），并做好线管与箱体的连接固定和跨接地线的连接工作，然后在箱体四周填入水泥砂浆，如图 5-28（a）所示。

如果墙壁的厚度不能满足配电箱嵌入式安装的要求，则可实行半嵌入式安装，使配电箱的箱体一半在墙面以外，一半嵌入墙内，如图 5-28（b）所示，其安装方法与嵌入式相同。

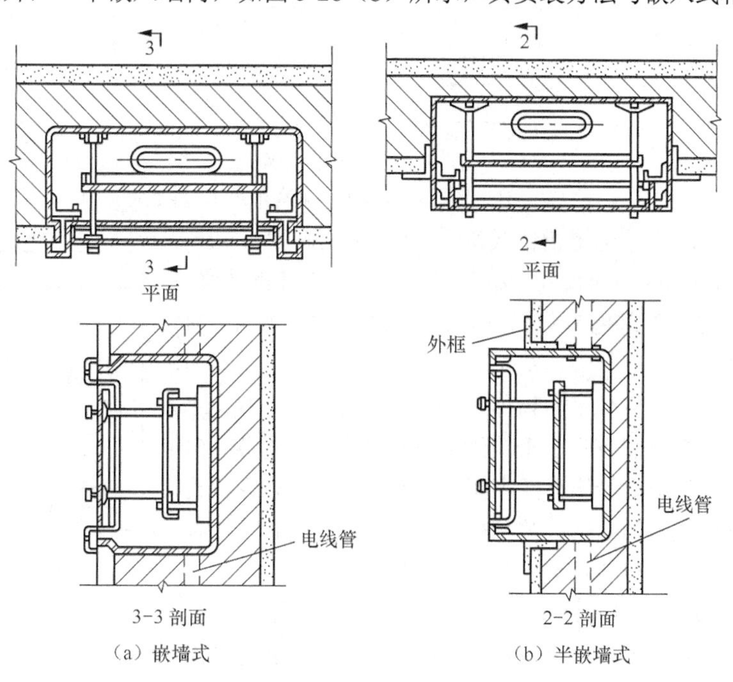

图 5-28 配电箱的嵌墙式安装

6. 配电箱的落地式安装

车间的动力配电箱大多采用落地式安装，常见的安装方式有独立安装和靠墙安装两种。

在配电箱安装以前，一般应预先浇筑一个高出地面约 100 mm 的混凝土空心台。这样，进出线方便，不易进水，可保证运行安全。进入配电箱的钢管应排列整齐，管口应高出基础面 50 mm 以上。

（1）配电箱基座的制作

配电箱基座分为混凝土基座和钢基座两种。

① 混凝土基座。混凝土基座通常在各用电设备的埋地穿线管埋设好以后制作。如上所述，一般制作一个高出地面约 100 mm 的混凝土空心台，靠墙安装时，混凝土基座尺寸如图 5-29 所示（独立安装时增加虚线所围的阴影部分）。地脚螺栓（4 只 M10×120）按箱底安装孔预埋。如果成批安装，可制作一个模板。这样，既安装方便、准确，又可加快工程进度。模板必须与所装的每台实物相核对，若与不符，则应按实物进行尺寸调整。

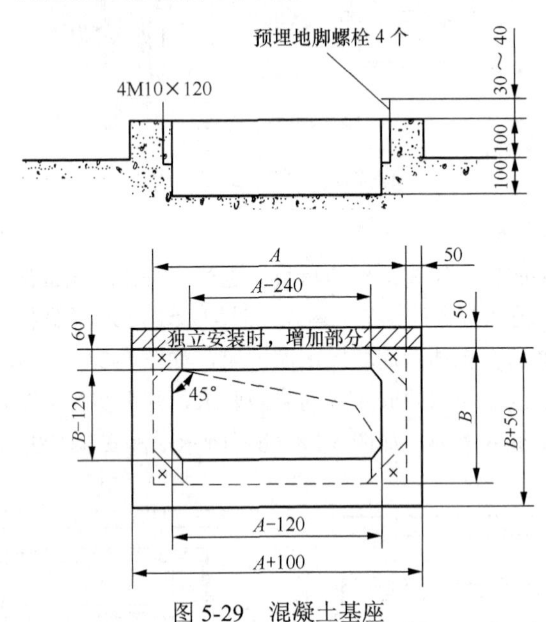

图 5-29　混凝土基座

注：图上 A、B 为配电箱外形尺寸

② 钢基座。钢基座常选用槽钢或角铁制成，基座高度为 50～100 mm。量取配电箱的底面尺寸，按此尺寸下料并焊接钢基座，如图 5-30 所示。制成的基座应与配电箱底面对准划线，钻 4×11 mm 安装孔（固定孔）。

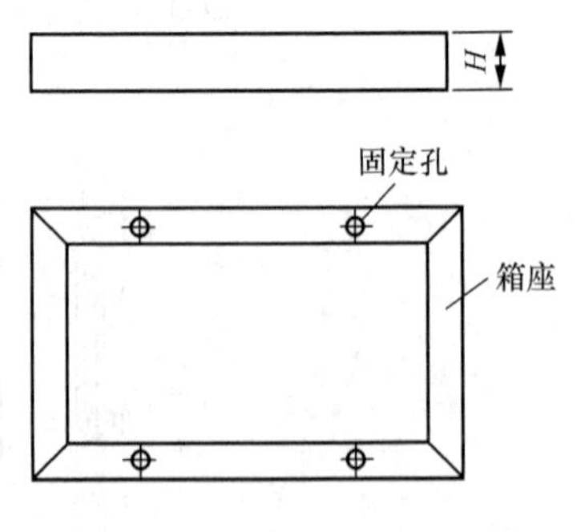

图 5-30　钢基座

注：基座外沿尺寸与配电箱底外沿尺寸相同

基座的外边沿尺寸应尽量与箱体一致，以保持美观；基座上与配电箱底接合的支撑面应不小于箱体上对应接合面的面积；焊接和弯制的基座，与箱底的接合面应在同一水平面上，以保证有效支撑和可靠固定配电箱；钻安装孔时，要求前后孔对称，并在箱底钻对应的安装孔，以免预埋时将方向颠倒。

③ 基座的预埋。这项工作一般在直埋式穿线管埋设后进行。制成的基座高度大致为 50～100 mm，预埋时，应埋入其总高度（50～100 mm）的 2/3，并且应校准支撑面，使其呈水平。

（2）配电箱的就位安装

基座预埋后，待水泥砂浆凝固，就使配电箱就位，将箱底上的孔与基座上的孔对正，然后用螺栓固定。

【练一练】

三相配电板的设计与制作

（1）实训内容

① 正确选择元器件、导线和截面。

② 画出三相配电板的原理图和元器件布置图。

③ 在实训板上布置安装元器件。

（2）设备器材

三相电度表、三相漏电保护器、三相刀开关、熔断器、插座。

（3）电工工具

万用表、剥线钳、斜口钳、螺丝旋具、验电笔。

（4）实训操作步骤

① 设计画出三相配电板的原理电路图和实物布置图。

② 观察设备器材，检测质量好坏，学会使用与安装。

③ 安装与布线接线。

④ 使用万用表检测电路正确性。

⑤ 申请通电检验。

⑥ 故障分析与排除。

表 5-7 三相配电板电路评分表

评分标准	配分	得分
电路设计正确合理	10	
元器件摆放合理，固定牢固	20	
走线合理、接线牢固	30	
绝缘良好	10	
通电检测一次成功	10	

思考与练习 5

1．描述单相电度表和三相电度表的结构原理

2．熔断器选择应注意哪些问题？

3．试述漏电保护器的作用及原理。

4．试述电流互感器的作用。

实训项目 6 三相异步电动机典型控制电路的设计与安装

项目任务：

- 常用低压电器及其使用。
- 三相异步电动机及其使用。
- 三相异步电动机控制线路的分析与安装。

项目实训目标：

- 熟悉常用低压配电电器、低压控制电路的结构，能拆装、检修开关、按钮、交流接触器等低压电器。
- 能正确地将三相异步电动机接入电源并正确使用，能对电动机使用过程中的一些数据进行测试。
- 能规范地进行电动机控制线路的安装与调试。

实训任务 6.1　常用低压电器

低压电器通常是指工作在交流电压 1200 V 或者直流电压 1500 V 以下的电路中，起通断、保护、控制或调节作用的电气元件或设备。它是构成电气控制线路的基本元件。按用途分，低压电器可分为低压配电电器和低压控制电器。

6.1.1　低压配电电器

低压配电电器主要用于低压配电系统及动力设备中，它包括刀开关、组合开关、低压断路器、熔断器等。刀开关、低压断路器、熔断器在实训 5 中已做介绍，这里只介绍控制线路中经常使用的组合开关和倒顺开关。

1. 组合开关

组合开关又叫转换开关，它是由分别装在多层绝缘件内的动、静触片组成。动触片装在附有手柄的绝缘方轴上，手柄沿任一方向每转动 90°，触片便轮流接通或分断。为了使开关在切断电路时能迅速灭弧，在开关转轴上装有扭簧储能机构，使开关能快速接通与断开，从而提高了开关的通断能力。组合开关有单极、双极和多极之分。常用于交流 50 Hz、电压 380 V 以下和直流电压 220 V 以下的电路中，供手动不频繁地接通和断开电源，以及控制 5 kW 以下异步电动机的直接启动、停止和正反转。

图 6-1 为 HZ10 系列组合开关的外形、内部结构和电路符号。

2. 倒顺开关

倒顺开关实际上是一种特殊的组合开关。它的作用是连通、断开电源或负载，可以使电机正转或反转，如图 6-2 所示。

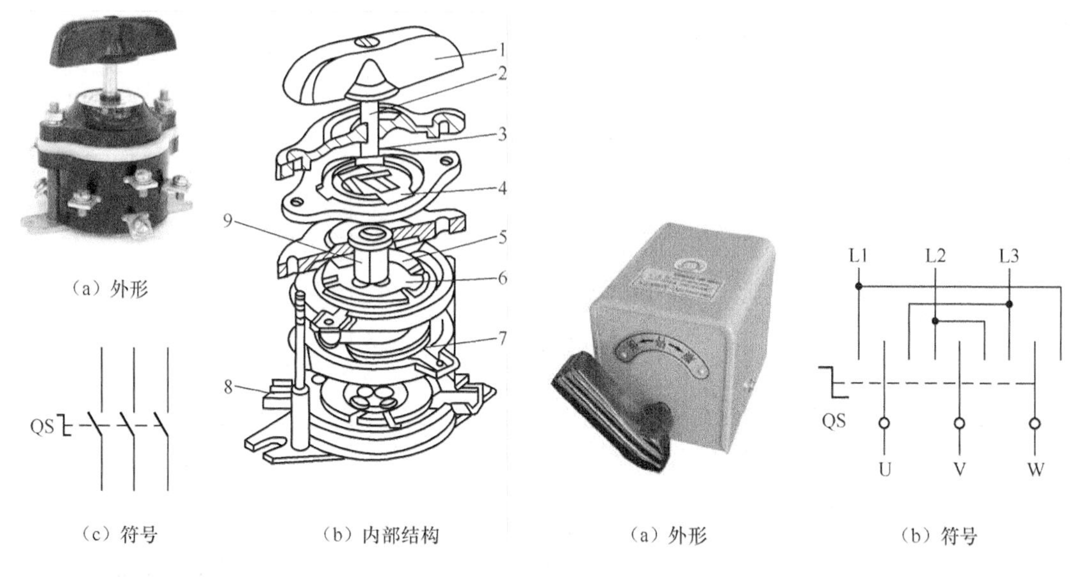

（a）外形　（c）符号　（b）内部结构

图 6-1　HZ10 系列组合开关

1—手柄；2—转轴；3—弹簧；4—凸轮；5—绝缘垫板；6—动触片；7—静触片；8—接线端子；9—绝缘杆

（a）外形　（b）符号

图 6-2　倒顺开关

倒顺开关手柄有“倒”“停”“顺”3 个位置。当手柄位于“停”的位置时，动触头都不与静触头接触，电路断开；当手柄位于“倒”或“顺”的位置时，动触头与左、右两组静触头的其中一组接触，使电路接通。然而，“倒”或“顺”两位置所接通的线序是不同的，这就可以实现三相电路的相序变换。

倒顺开关主要用于控制三相小功率电机的正转、反转和停止。

6.1.2　低压控制电器

低压控制电器主要用于电力拖动控制系统，主要有主令开关、接触器、继电器等，这里主要介绍常用的按钮、位置开关、交流接触器、热继电器和时间继电器。

1. 按钮

按钮是一种短时接通或断开小电流电路的手动电器，常用于控制电路中发出启动或停止等指令，以控制接触器、继电器等电器的线圈电流的接通或断开，再由它们去接通或断开主电路。图 6-3 为各种常用的按钮。

图 6-3　各种按钮

（1）结构

按钮一般由按钮帽、复位弹簧、桥式动触头、静触头、支柱连杆和外壳等部分组成。根据静态时触头的分合状态，按钮可分为常开按钮、常闭按钮和复合按钮，其结构与符号如表 6-1 所示。

表 6-1　　按钮的结构与符号

名称	符号	结构
常开按钮（启动按钮）	E-\ SB	
常闭按钮（停止按钮）	E-7 SB	
复合按钮	E\--7 SB	

① 常开按钮：未按下时，触头是断开的；按下时，触头闭合；松开后按钮自动复位。

② 常闭按钮：未按下时，触头是闭合的；按下时，触头断开；松开后按钮自动复位。

③ 复合按钮：将常开按钮和常闭按钮组合为一体。未按下时，常开触头是断开的，常闭触头是闭合的；按下复合按钮时，其常闭触头先断开，然后常开触头再闭合；松开复合按钮时，常开触头先恢复分断，常闭触头后恢复闭合。

（2）选用

① 根据使用场合选择按钮开关的种类，如开启式、保护式和防水式等。

② 根据用途选用合适的形式，如一般式、旋钮式和紧急式等。

③ 根据控制回路的需要，确定不同的按钮数，如单联钮、双联钮和三联钮等。

④ 按工作状态指示和工作情况要求，选择按钮和指示灯的颜色。如“停止”“断电”或“事故”用红色钮；“启动”或“通电”优先用绿色钮，允许黑、白或灰色钮；“复位”等具有单一功能的按钮，用蓝、黑、白或灰色钮；同时有“停止”或“断电”功能的，用红色钮。

2. 位置开关

位置开关又称行程开关或限位开关，作用原理与按钮类似，当运动部件到达一个预定位置时，利用生产机械运动部件的碰压使其触头动作，从而将机械信号转变为电信号，以实现对机械运动的控制或者实现对运动部件极限位置的保护。

位置开关主要由触头系统、操作机构和外壳组成。

位置开关按其结构可分为直动式、滚轮式和微动式 3 种，如图 6-4 所示。位置开关动作后，复位方式有自动复位和非自动复位两种。位置开关的图形符号如图 6-5（a）所示。

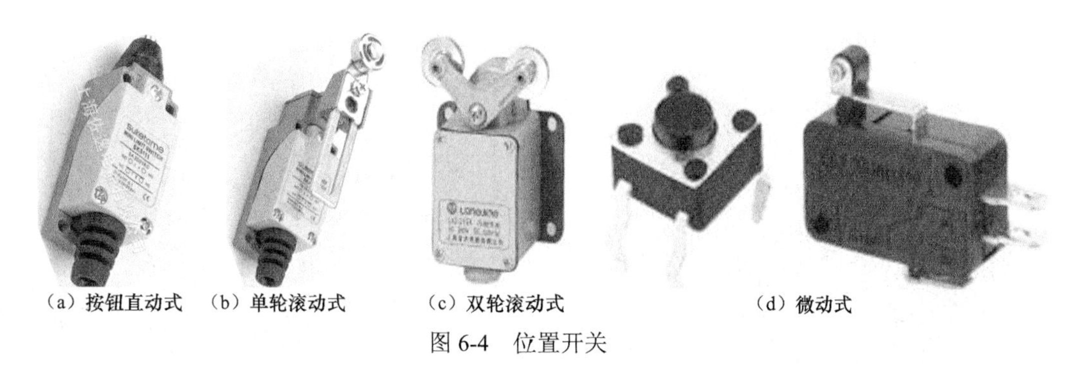

（a）按钮直动式 （b）单轮滚动式 （c）双轮滚动式 （d）微动式

图 6-4 位置开关

位置开关的动作原理大致相同。现以 JLXK1 系列直动式位置开关为例来说明。如图 6-5（b）所示，当运动机构的挡铁压到位置开关的滚轮上时，杠杆连同转轴一起转动，使凸轮推动撞块，当撞块被压到一定位置时，碰触微动开关，使其常闭触点断开，常开触点闭合。挡铁移开后，复位弹簧使其复位。

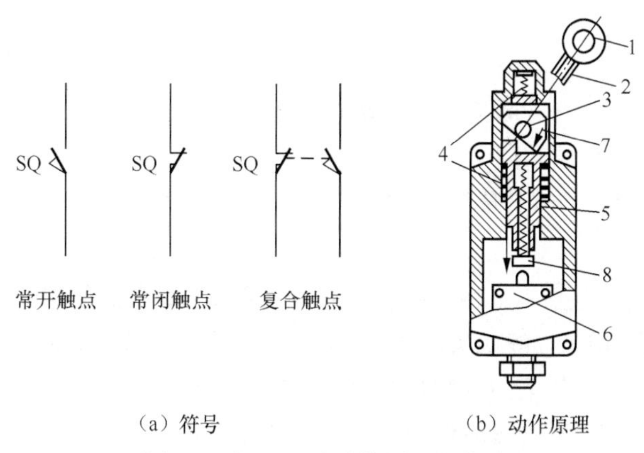

（a）符号 （b）动作原理

图 6-5 位置开关动作原理和符号

1—滚轮；2—杠杆；3—转轴；4—复位弹簧；

5—撞块；6—微动开关；7—凸轮；8—调节螺钉

3. 交流接触器

接触器是利用电磁吸力与弹簧弹力配合动作，使触头闭合或分断，以控制电路的分断的控制电器，它适用于远距离频繁接通或分断交直流主电路和控制电路。接触器主要控制对象是电动机，也可用于控制其他负载，如电热设备、电焊机等。接触器不仅能实现远距离自动操作和欠电压释放保护功能，而且具有控制容量大、工作可靠、操作频率高、使用寿命长等优点，被广泛应用于自动控制系统中。按其触头控制的电流分交流和直流两种。这里只介绍我国常用的 CJ10 系列交流接触器。

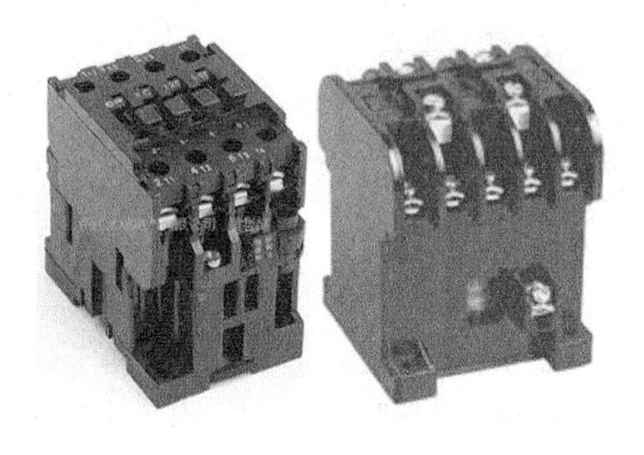

图 6-6 交流接触器外形

常用交流接触器的外形如图 6-6 所示，其结构示意图如图 6-7（a）所示。

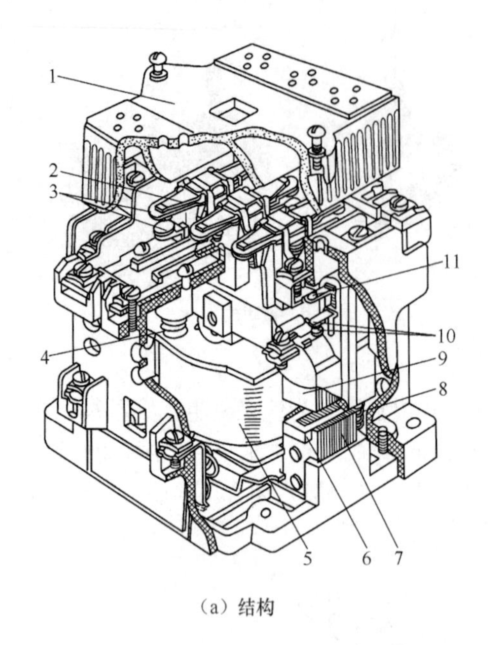

（a）结构

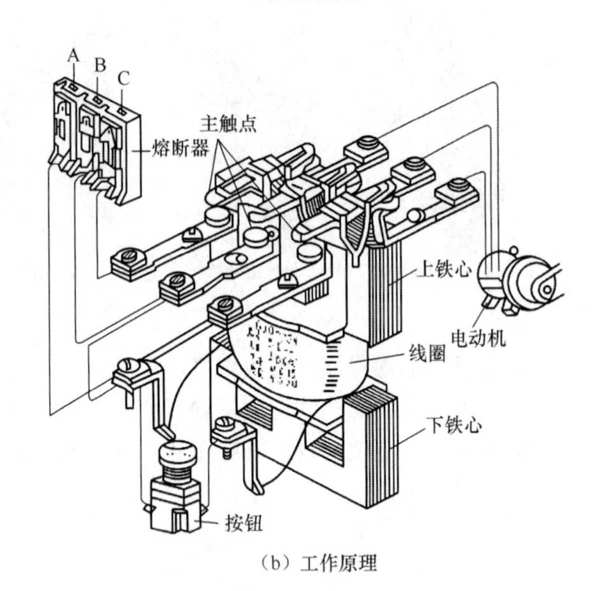

（b）工作原理

图 6-7　交流接触器结构和工作原理

1—灭弧罩；2—触头压力弹簧；3—主触头；4—反作用弹簧；5—线圈；6—短路环；
7—静铁芯；8—缓冲弹簧；9—动铁芯；10—辅助常开触头；11—辅助常闭触头

（1）结构

交流接触器主要由电磁系统、触头系统、灭弧装置及辅助部分等组成。

① 电磁系统：其作用是操纵触头闭合和分断。它主要由线圈、铁芯（静铁芯）和衔铁（动铁芯）三部分组成。电磁系统铁芯用硅钢片叠成，以减少铁芯中的铁损耗；在铁芯端部板面上装有短路环，用以消除交流电磁铁在吸合时产生的振动和噪声。

② 触头系统：起着接通和分断电路作用。它包括主触头和辅助触头两类，主触头常用以通断电流较大的主电路，一般由 3 对接触面较大的常开触头组成。辅助触头用以通断电流较小的控制电路，一般由两对常开和两对常闭触头组成。

③ 灭弧装置：起着熄灭电弧，保护触头，缩短切断时间的作用。小容量的常采用双断开电动力灭弧等，大容量的常采用纵缝灭弧、栅片灭弧，有的还有专门的灭弧装置。

④ 辅助部分：主要有反作用弹簧、缓冲弹簧、触头压力弹簧、传动机构和底座等。

（2）工作原理

接触器电磁线圈通电后，线圈中流过的电流产生磁场，铁芯克服反作用弹簧的反作用力将衔铁吸合，使得 3 对主触头和辅助常开触头闭合，辅助常闭触头断开。当接触器线圈断电或电压显著下降（欠电压）时，由于电磁吸力消失或过小，衔铁在反作用弹簧力的作用下复位，带动各触头恢复到原始状态。

（3）选用

① 接触器的额定电压应大于或等于负载回路的额定电压；

② 吸引线圈的额定电压应与所接控制电路的额定电压等级一致；

③ 额定电流应大于或等于被控主回路的额定电流。

接触器在电路中的符号如图 6-8 所示。

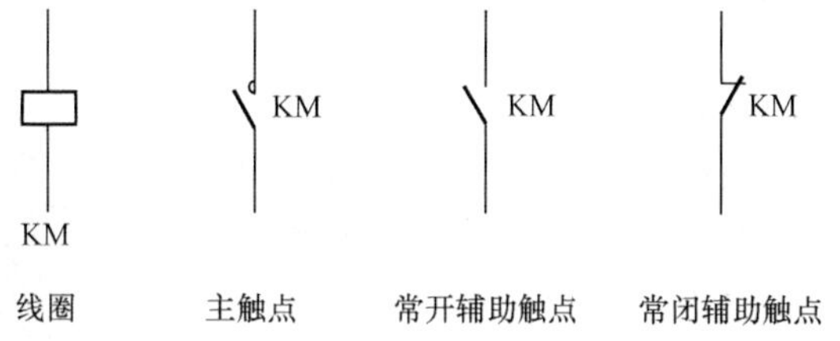

KM KM KM KM

线圈 主触点 常开辅助触点 常闭辅助触点

图 6-8 接触器的符号

4. 热继电器

热继电器是利用流过继电器的电流产生的热效应原理来切断电路以保护电器的器件。它主要用于电动机的过载保护、断相保护、电流不平衡运行保护及其他电气设备发热状态的控制。下面以 JR16 系列热继电器为例，介绍其结构和工作原理。

热继电器由热元件、动作机构、触头系统、电流整定系统、复位机构和温度补偿元件等部分组成，如图 6-9 所示。热继电器一般有一个常开触头和一个常闭触头。

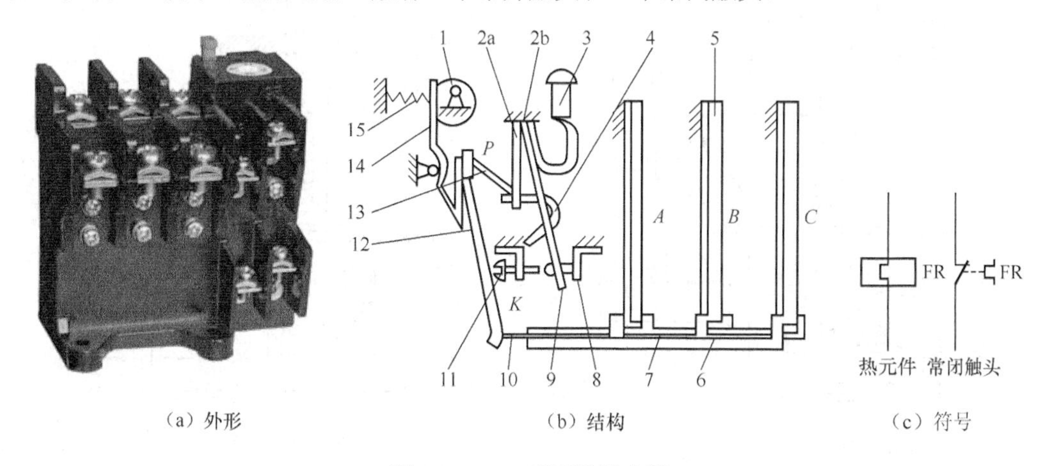

（a）外形 （b）结构 （c）符号

图 6-9 JR16 系列热继电器

1—电流调节凸轮；2—片簧；3—手动复位按钮；4—弓簧；5—主双金属片；
6—外导板；7—内导板；8—静触头；9—动触头；10—杠杆；11—复位调节螺钉；
12—补偿双金属片；13—推杆；14—连杆；15—压簧

热元件由主双金属片和绕在外面的电阻丝组成。主双金属片是由两种热膨胀系数不同的金属片复合而成。使用时，将热继电器的三相热元件的电阻丝分别串接在电动机的三相主电路中，常闭触头串接在控制电路的接触器线圈回路中。当电动机正常运行时，流过电阻丝的电流产生的热量虽然能使双金属片弯曲，但不足以使热继电器动作。当电动机过载时，电流超过热继电器整定电流值，双金属片温度增高，一段时间后，主双金属片弯曲推动导板，使触头系统动作，热继电器的常闭触头断开，于是切断电动机控制电路，使电动机停转，达到了过载保护的目的。电源切除后，主双金属片逐渐冷却使触点复位。除自动复位外，热继电器还设置了手动复位功能。

热继电器整定电流的大小可通过其上的电流整定旋钮（调节凸轮）来调节。热继电器整定电流是指热继电器长期工作而不动作的最大电流。热继电器整定电流值要根据电动机额定电流值、电动机本身过载能力以及拖动的负载情况等确定。

5. 时间继电器

时间继电器是利用电磁原理或机械动作原理实现触头延时闭合和延时断开的自动控制器件。按不同的动作原理和构造分类，可分为电磁式、电动式、空气阻尼式、晶体管式和数字式等类型；按延时方式分类，有通电延时型和断电延时型两种类型。

图 6-10 JS7-A 系列时间继电器

图 6-10 所示为 JS7-A 系列时间继电器，它属于空气阻尼式，即利用空气阻尼作用而达到动作延时的目的。该时间继电器主要由电磁系统、工作触头、气室和传动机构等四部分组成。

图 6-11（a）和图 6-11（b）分别为 JS7-A 型空气阻尼式时间继电器通电延时型和断电延时型的工作原理图。

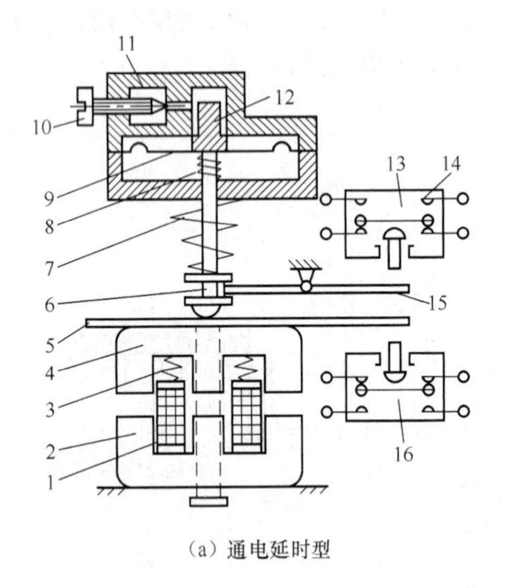

（a）通电延时型

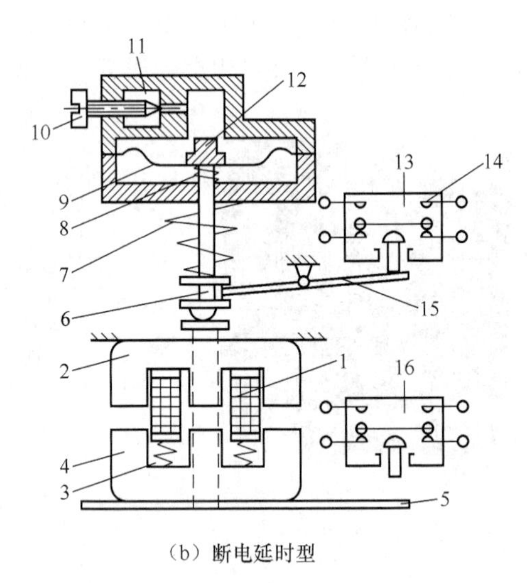

（b）断电延时型

图 6-11 JS7-A 型空气阻尼式时间继电器工作原理图

1—线圈；2—静铁芯；3、7、8—弹簧；4—动铁芯；5—推板；6—活塞杆；9—橡皮膜；10—调节螺钉；11—进气孔；12—活塞；13、16—微动开关；14—延时触头；15—杠杆

通电延时型时间继电器动作原理：线圈通电后，铁芯产生吸力使静、动铁芯吸合带动推板使微动开关 16 的常闭触头瞬时断开，常开触头瞬时闭合。同时活塞杆在弹簧的作用下向下移动，活塞内由于存在着空气阻尼，经过一段时间后活塞才完成全部行程而压动微动开关 13，使其常闭触头断开，常开触头闭合。由于从线圈通电到触头动作需延时一段时间，因此微动开关 13 的两对触头称为延时闭合瞬时断开的常开触头和延时断开瞬时闭合的常闭触头。这种时间继电器延时时间的长短取决于进气的快慢，旋转调节螺钉 10 可调节进气孔的大小，即可调节延时时间。当线圈断电时，动铁芯在反力弹簧作用下能迅速使方腔内的空气排出，使微动开关 13、16 的各对触头瞬时复位。

断电延时型时间继电器动作原理与通电延时型相似，只是两个延时触头分别为：瞬时闭合延时断开的常开触头和瞬时断开延时闭合的常闭触头，读者可自己分析。实际上，只要把通电延时型的铁芯倒装就成为断电延时型时间继电器。

空气阻尼式时间继电器结构简单、寿命长、价格低廉，还附有不延时的触头，所以应用较为广泛，但其准确度低、延时误差大，在延时精度要求高的场合不宜采用。此时，可采用晶体管式时间继电器。

时间继电器在电路中的符号如图 6-12 所示。

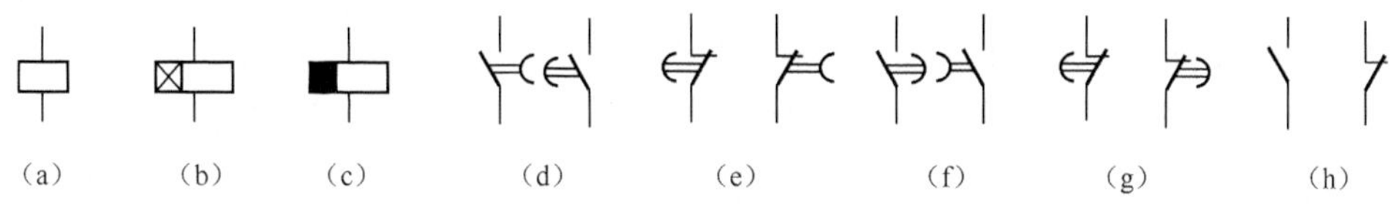

（a）线圈一般符号；（b）通电延时线圈；（c）断电延时线圈；（d）延时闭合瞬时断开（常开）触头；
（e）延时断开瞬时闭合（常闭）触头；（f）瞬时闭合延时断开（常开）触头；
（g）瞬时断开延时闭合（常闭）触头；（h）瞬动触头

图 6-12　时间继电器的符号

【练一练】

交流接触器的拆装与检修

器材：交流接触器（CJ10-20），如图 6-13 所示。

实训流程

（1）拆卸

① 卸下灭弧罩紧固螺钉，取下灭弧罩。

② 拉紧主触头定位弹簧夹，将主触头侧转 45°后，取下主触头和压力弹簧片。

③ 松开辅助常闭静触头的螺钉，卸下常闭静触头。

④ 松开辅助常开静触头的螺钉，卸下常开静触头。

⑤ 手按压底盖板，松开底部的盖板螺钉，取下盖板。

⑥ 取出静铁芯和静铁芯支架及缓冲弹簧。

⑦ 拔出线圈弹簧片，取出线圈。

⑧ 取出反作用弹簧。

图 6-13　交流接触器（CJ10-20）

⑨ 取出动铁芯和塑料支架，并取出定位销。

⑩ 分离铁芯及塑料支架，取出减震纸片。

（2）检修

① 检查灭弧罩有无破裂或烧损，清除灭弧罩内的金属飞溅物和颗粒。

② 检查触头的磨损程度，磨损严重时应更换触头。若不需要更换，则清除触头表面上烧毛的颗粒。

③ 清除铁芯端面的油垢，检查铁芯有无变形及端面接触是否平整。

④ 检查触头压力弹簧及反作用弹簧是否变形或弹力不足。如有需要则更换弹簧。

⑤ 检查电磁线圈是否有短路、断路及发热变色现象。

（3）装配

按拆卸的逆顺序装配交流接触器，仔细把每个零部件和螺钉安装到位。

（4）自检

用万用表检查线圈及各触头是否良好；用兆欧表测量各触头间以及主触头对地电阻是否符合要求；检查主触头运动部分是否灵活，接触是否良好，有无异常振动和噪声等。

（5）通电试车

① 将装配好的接触器接入如图 6-14 所示的校验电路，正确无误后通断数次，检查动作是否可靠，触点接触是否紧密。

② 接触器吸合后，铁芯不应发出噪声，若铁芯接触不良，则应将铁芯找正，并检查短路环及弹簧松紧适应度。

③ 进行数次通断试验，检查接触器的动作，并通过在触头间拉纸片的方式来检查触头间的压力情况是否符合要求，不符合要求的则要调整触头弹簧或更换弹簧。

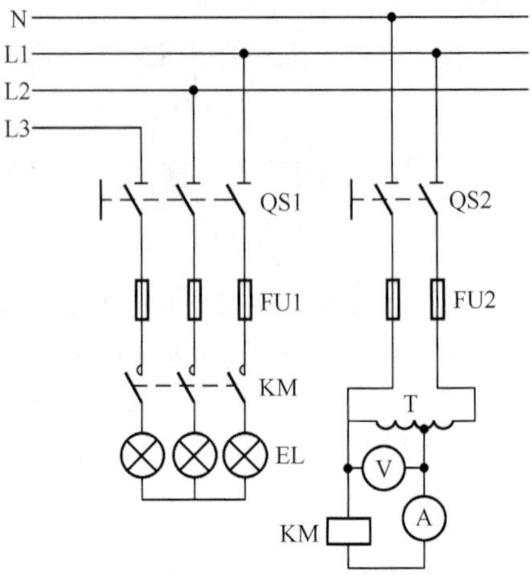

图 6-14　接触器通电校验电路

【实验注意事项】

（1）拆卸接触器时，应备有盛放零件的容器，并按要求有序地放好所有元件。

（2）拆装过程中不允许硬撬元件，以免损坏电器。装配辅助触头的静触头时，要防止卡住动触头。

（3）接触器通电校验时，应把接触器固定在控制板上，并在教师监督下进行测试。

（4）调整触头压力时，注意不要损坏接触器的主触。

实训任务 6.2　三相异步电动机及其使用

电动机是将电能转换成机械能的设备。根据使用电源不同，电动机可分为直流和交流电动机两大类。交流电动机又分异步电动机和同步电动机。异步电动机的定子磁场转速与转子旋转转速不保持同步。三相异步电动机具有结构简单、使用和维护方便、运行可靠、成本低廉、效率高的特点，广泛应用于工农业生产及日常生活中，用于驱动各种机床、水泵、锻压和铸造机械、鼓风机及起重机等。图 6-15 为几种三相异步电动机的外形。

图 6-15　几种三相异步电动机的外形

6.2.1　三相异步电动机

1. 三相异步电动机的结构

电动机由定子和转子两个基本部分组成，其结构如图 6-16 所示。

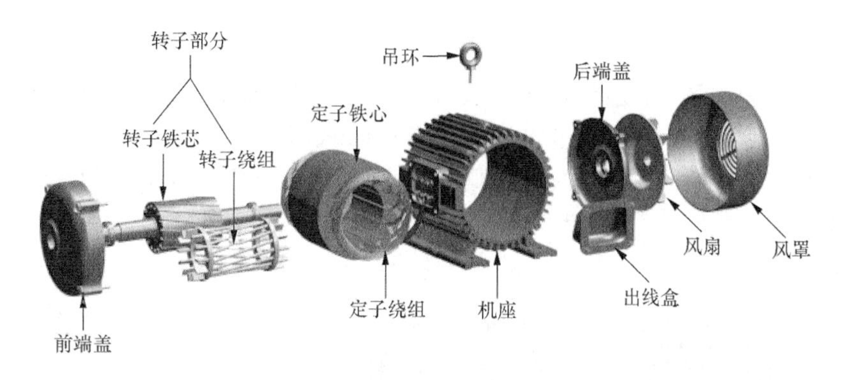

图 6-16 三相异步电动机结构分解图

（1）定子

定子是异步电动机的固定部分，主要由机座、装在机座内的定子铁芯和镶嵌在铁芯中的三相定子绕组组成。

定子铁芯一般采用 0.5 mm 厚、两面涂有绝缘漆的硅钢片叠压制成，形状为环形，沿内圆表面均匀轴向开槽，如图 6-17 所示。定子铁芯具有导磁和安放绕组的作用。

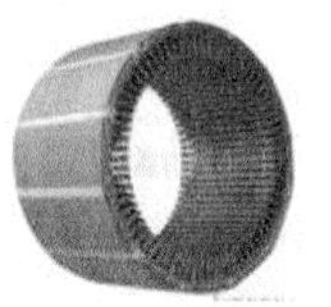

（a）定子铁心

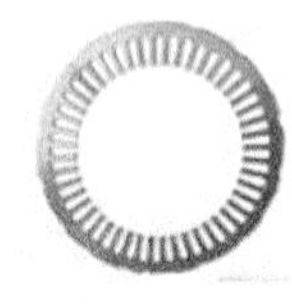

（b）定子硅钢片

图 6-17 定子铁芯和硅钢片

定子绕组是电动机的电路部分，由三相对称绕组组成，按一定规则连接，有 6 个出线端。即 U1-U2、V1-V2、W1-W2 接到机座的接线盒中，定子绕组可接成星形或三角形。图 6-18（a）为机座和定子绕组，图 6-18（b）为机座接线盒。

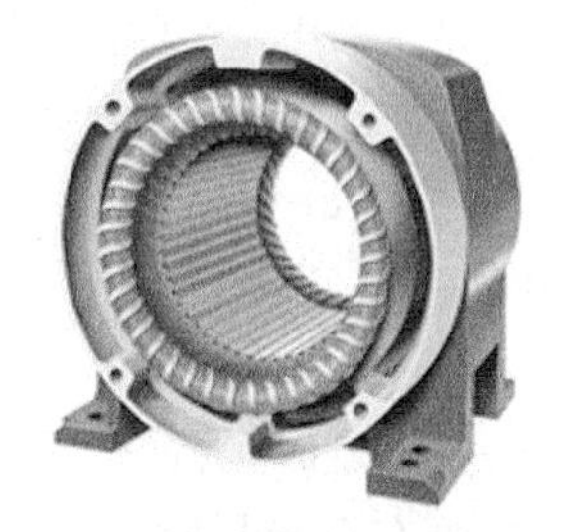

（a）机座和定子绕组

（b）机座接线盒

图 6-18 机座和定子绕组

图 6-19 为定子绕组的星形连接图及线圈连接示意图；图 6-20 为定子绕组的三角形连接图及线圈连接示意图。

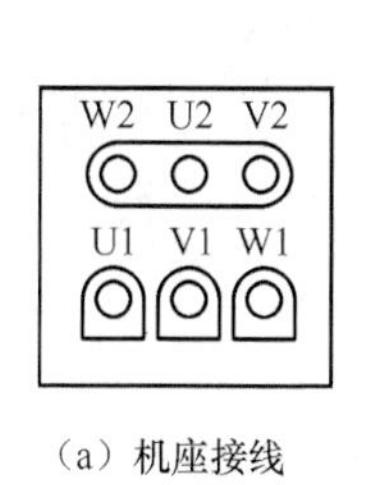

（a）机座接线

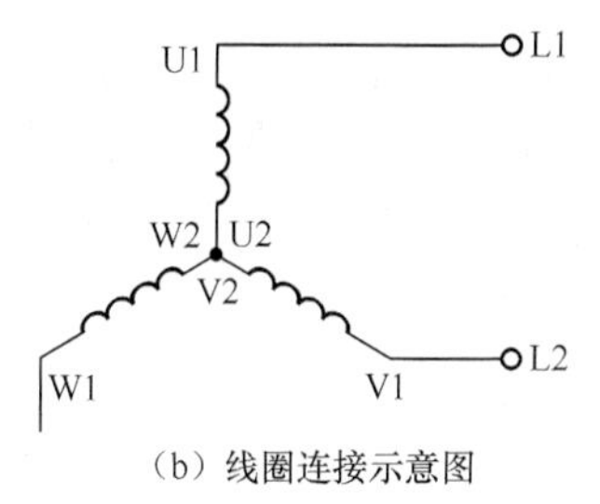

（b）线圈连接示意图

图 6-19 定子绕组的星形连接

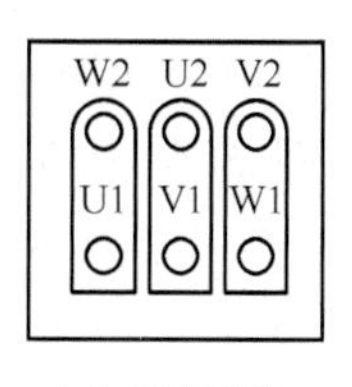

（a）机座接线

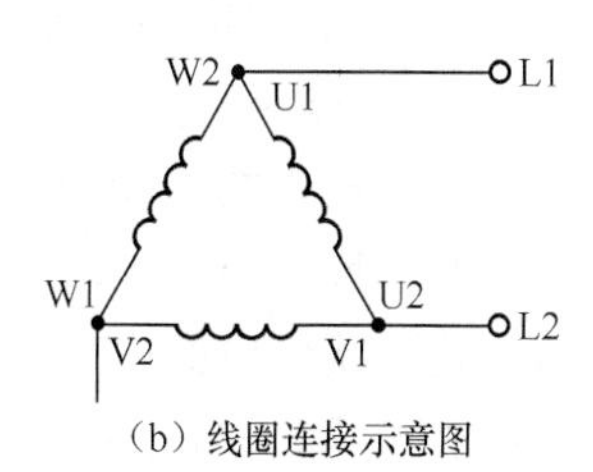

（b）线圈连接示意图

图 6-20 定子绕组的三角形连接

（2）转子

转子是异步电动机的旋转部分，由转轴、转子铁芯和转子绕组三部分组成，其作用是输出机械转矩。根据构造的不同，转子绕组分为鼠笼式和绕线式两种。

图 6-21 所示的转子绕组做成鼠笼状，即转子铁芯的槽中放置导条，两端用端环连接，称为鼠笼式转子。图 6-22 所示的转子其槽内的导体、转子的两个端环以及风扇叶一起用铝铸成一个整体，为铸铝的鼠笼型转子。

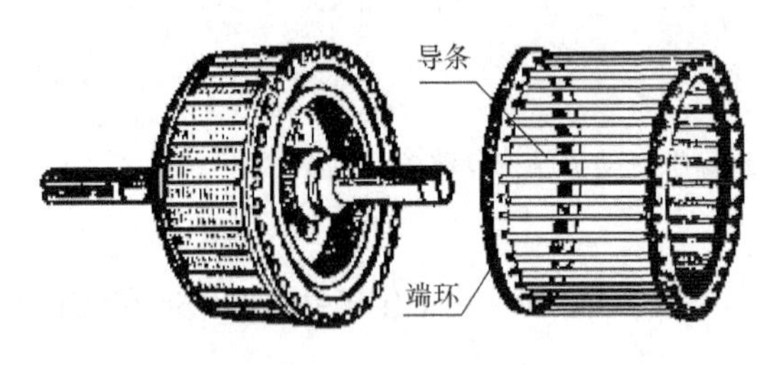

（a）转子　　（b）转子绕组

图 6-21　鼠笼型转子

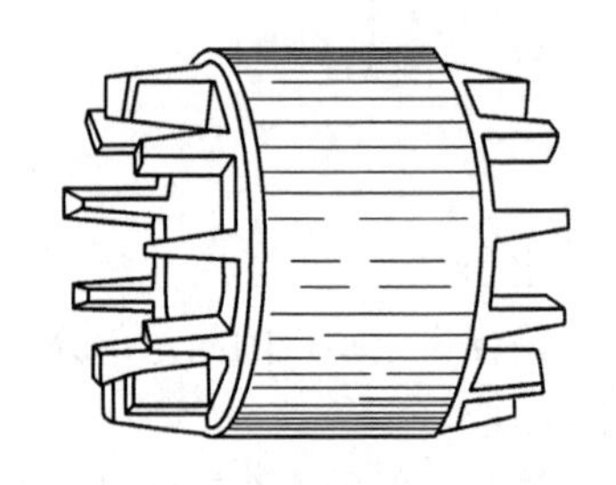

图 6-22　铸铝的鼠笼型转子

绕线式转子如图 6-23 所示，它的绕组与定子绕组相似，在转子铁芯槽内嵌放三相对称绕组，通常接成星形。每相绕组的始端连接在 3 个固定在转轴上的铜制滑环上，再通过一套电刷装置引出与外电路相连。环与环、环与转轴之间都是相互绝缘的。

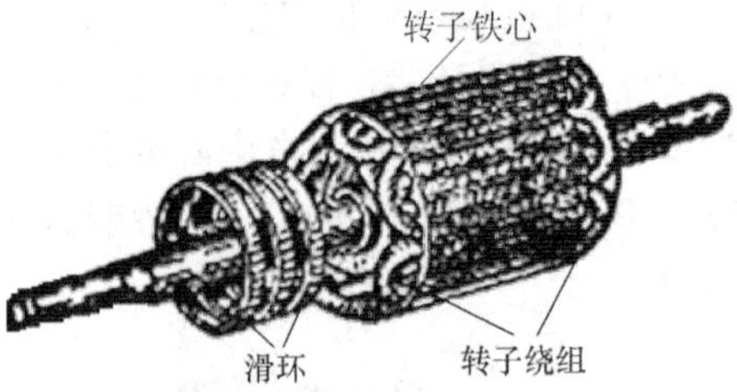

图 6-23　绕线式转子

转轴由中碳钢制成，其两端由轴承支撑。电动机通过转轴输出机械转矩。

为了保证转子能够自由旋转，在定子与转子之间必须留有一定的空气隙，中小型电动机的空气隙约在 0.2~1.0 mm。

2．三相异步电动机的工作原理

当空间位置上互差 120° 的三相定子绕组通入对称三相交流电流时，其波形如图 6-24 所示。若假定电流从绕组的始端流到末端为电流的参考方向，则电流在正半周时，其值为正，实际方向与参考方向一致；在负半周时，其值为负，实际方向与参考方向相反。所以，在 $\omega t=0$ 的瞬间，$i_U=0$；$i_V<0$，即电流从 V2 流到 V1；$i_W>0$，即电流从 W1 流到 W2，如图 6-25（a）所示，此时产生的合成磁场如图 6-26（a）所示，即自下到上。同样，在 $\omega t=60°$ 的瞬间，定子绕组中的电流如图 6-25（b）所示，此时产生的合成磁场如图 6-26（b）所示，即产生的磁场在空间上转过了 60°；当 $\omega t=120°$ 的瞬间，定子绕组中的电流如图 6-25（c）所示，此时产生的磁场如图 6-26（c）所示，即产生的合成磁场空间上转过了 120°。

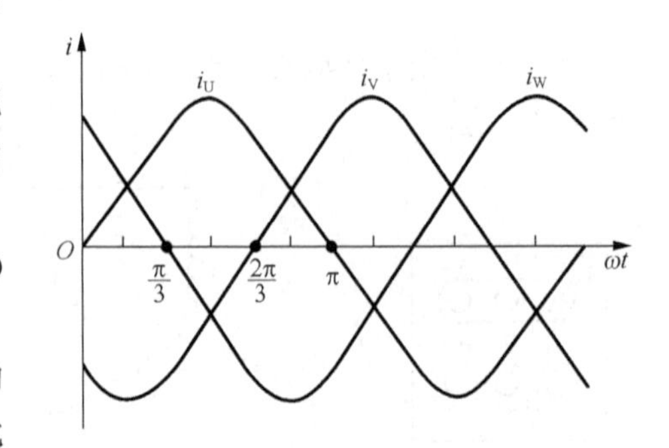

图 6-24　三相对称电流波形

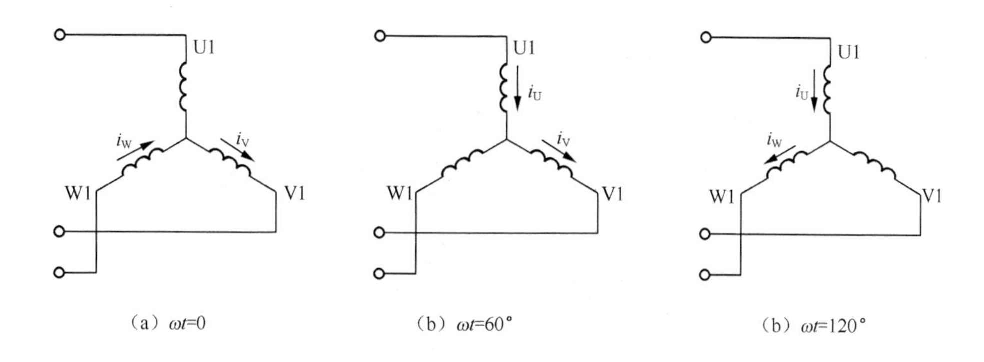

图 6-25　三相定子绕组中的电流

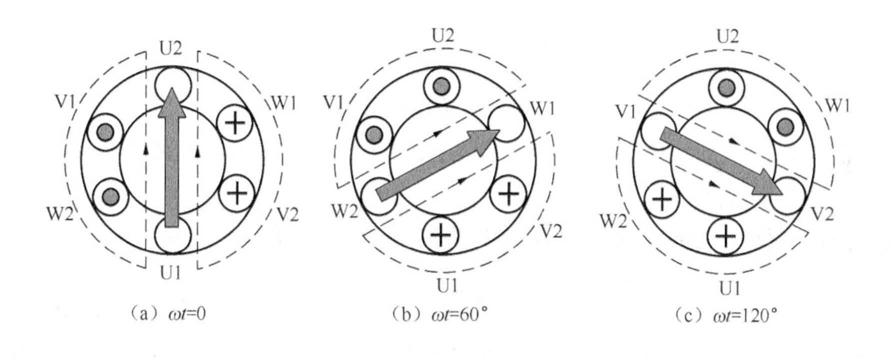

图 6-26　三相定子绕组中的电流产生的旋转磁场

由此可见，当定子绕组中通入三相交流电流后，它们产生的合成磁场在空间上是不断旋转的。旋转的方向是由三相绕组中电流变化的顺序（电流相序）决定的。若在 U、V、W 相通入三相正序电流，如图 6-24 所示时，旋转磁场按顺时针方向旋转；同样可分析，当 U、V、W 相通入三相反序电流（V→W→U）时，旋转磁场将按逆时针方向旋转。因此，电动机与电源相连的三相电源线调换任意两根后，就可改变旋转磁场转动的方向，进而改变电动机的旋转方向。

旋转磁场和静止的转子绕组间会产生相对运动，从而使转子绕组上产生了感应电流。当转子中有电流后，旋转磁场又对感应电流产生电磁力矩，从而使转子转动起来，这就是三相异步机电动机的工作原理。

由楞次定律和左手定则可以判定，转子绕组的转动方向和旋转磁场的方向相同，且转子的转速略小于旋转磁场的转速，这也是三相异步电动机中“异步”的含义。如果转子转速等于旋转磁场转速，则转子和磁场无相对运动，磁通量不变化，也就没有感应电流的出现，转子不会转动；若转子转速大于旋转磁场的转速，则一定是受到了外加转矩的作用，此时电动机就成了发电机。

以上分析的是每相绕组只有一个线圈的情况，产生的旋转磁场具有一对磁极，在空间每秒钟的转速与通入定子绕组的交流电的频率在数值上相等。若磁极对数用 p 来表示，则此时 p=1。

如果每相绕组由两个线圈串联组成，绕组的始端之间相差 60° 空间角，则产生的旋转磁场具有两对磁极（四极），即 p=2，如图 6-27 所示。

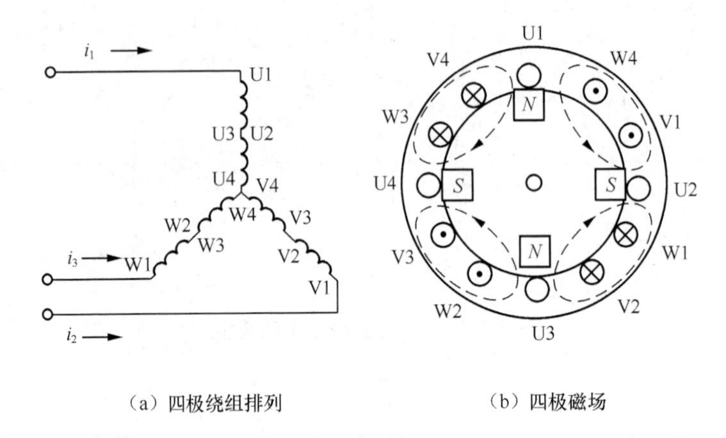

（a）四极绕组排列　　（b）四极磁场

图 6-27　四极绕组及其磁场

同理，如果要产生 3 对极，即 p=3 的旋转磁场，则每相绕组必须有均匀安排在空间的 3 个串联线圈，绕组的始端之间相差 40° 空间角。

因为交流电变化一个周期，旋转磁场在空间转过 360°，则同步转速（旋转磁场的速度）为

$$n_0=\frac{60f_1}{p}$$

式中 f_1 为定子电源频率（f_1=50Hz）；n_0 为旋转磁场转速，称为同步转速（r/min）；p 为磁极对数。可以计算，一对磁极的电动机其同步转速为 3000 r/min。

异步电动机转子的转速 n 小于同步转速 n_0，这两转速之差称为转差，或者滑差。转速与同步转速之比称为转差率 s，即

$$s=\frac{n_0-n}{n_0}$$

转差率 s 与电机的转速、电流等相关：转子不动时，n=0，则转差率 s=1；空载运行时，n 接近于 n_0，转差率 s 最小。转子转速越接近同步转速，转差率越小。常用的异步电动机在额定负载时，额定转速 n_n 很接近同步转速，所以其额定转差率 s_n 很小，为 0.01～0.07；在启动瞬间，n=0，s=1，转差率最大。转差率有时也用百分数表示。

【例】一台异步电动机的额定转速 n_n=730 r/min，试求工频情况下电动机的转差率及电动机的磁极对数。

解：由于电动机的额定转速必须低于和接近同步转速，而略高于 730 r/min 的同步转速为 750 r/min。磁极对数

$$p=60\frac{f_0}{n_0}=60\times\frac{50}{750}=4$$

额定转差率

$$s=\frac{n_0-n}{n_0}=\frac{750-730}{750}=0.0267$$

6.2.2 三相异步电动机的使用

1. 三相异步电动机的铭牌数据

要正确使用电动机必须要看懂铭牌。现以Y132M-4 型电动机为例，说明铭牌上的各个数据。图6-28 中各数据的意义如下。

型号：Y132M-4；额定功率：2.2 kW；额定电压：380 V；额定电流：6.4 A；接法：Y 形；额定转速：1470 r/min；噪声等级：LW 82 dB；绝缘等级：B 级；额定频率：50 Hz；防护等级：IP 44；工作制：S1。

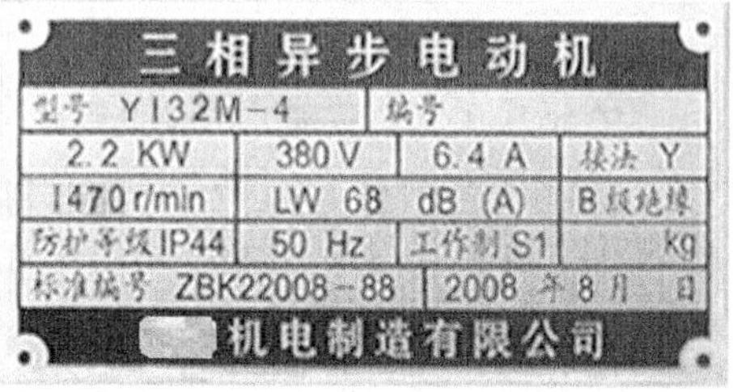

图 6-28 三相异步电动机铭牌

（1）型号

为了适应不同用途和不同工作环境的需要，电动机制成了不同系列，每种系列又有各种不同的型号。如：Y132M-4。

① Y 为产品名称代号，表示三相异步电动机。其他有：YR 表示绕线式异步电动机；YB 表示防爆型异步电动机；YQ 表示高启动转矩异步电动机等。

② 132（mm）表示机座中心高度。

③ M 为机座长度代号，表示中机座。其他有：L 表示长机座；S 表示短机座。

④ 4 表示电动机的磁极数。

（2）额定功率

额定功率是指电动机在额定状态下运行时，转子所输出的机械功率，单位为 kW。

（3）额定电压

额定电压是指电动机在额定运行情况下，三相定子绕组应接的线电压值，单位为 V。目前常用的 Y 系列中、小型异步电动机，其额定功率在 3 kW 以上的，额定电压为 380 V，绕组为Δ接法；额定功率在 3 kW 及以下的，额定电压为 380/220 V，绕组为 Y/△接法。也就是说，电源线电压为 380 V 时，三相定子绕组应接成 Y 形；电源线电压为 220 V 时，三相定子绕组应接成Δ形。

（4）额定电流

额定电流是指电动机在额定电压下，输出额定功率时，定子绕组中的线电流值，单位为 A。如果三相定子绕组有两种接法时，就标有两种相应的额定电流值。

（5）接法

电动机三相定子绕组有 Y 形和△形两种接法。

（6）额定转速

额定转速是指额定运行时电动机的转速，单位为 r/min。

（7）额定频率

额定功率是指电动机所接交流电源的频率，单位为 Hz。

（8）温升和绝缘等级

温升是指电动机运行时绕组温度允许高出周围环境温度的数值。温升允许值是由该电机绕组所用绝缘材料的耐热程度决定。根据电动机允许的最高温度值（极限温度）的不同，电动机的绝缘等级有 A、E、B、F、H、C 等。技术数据见表 6-2。

表 6-2 电动机绝缘等级

绝缘等级	A	E	B	F	H	C
极限温度/℃	105	120	130	155	180	>180

（9）工作制

为了适应不同负载需要，按负载持续时间的不同，电动机的工作制分 S1～S8 八类，其中连续工作方式用 S1 表示；短期工作方式用 S2 表示，分 10 min、30 min、60 min、90 min 4 种；断续周期性工作方式用 S3 表示，其周期由一个额定负载时间和一个停止时间组成。

（10）额定功率因数

有的铭牌上有额定功率因数。它是指额定运行情况下定子电路的功率因素。额定负载时一般为 0.7～0.9，空载时功率因数很低，为 0.2～0.3。额定负载时，功率因数最大。实用中应选择合适容量的电机，防止“大马”拉“小车”的现象，并力求缩短空载的时间。

铭牌上还有噪声等级、防护等级、产品编号、标准编号、电机质量、出厂时间、生产厂家等信息。

2. 三相异步电动机的选择

三相异步电动机应用很广，所拖动的生产机械多种多样，要求也各不相同。选用电动机时应从技术和经济两方面综合考虑，以实用、合理、经济和可靠为原则，正确选用其种类、形式、功率及转速等，以确保安全可靠地运行。

（1）种类选择

三相异步电动机中的鼠笼式电动机结构简单、价格低廉、运行可靠、控制和维护方便，虽调速性能差、启动电流大、启动转矩较小、功率因数较低，但在一些不需调速的生产机械，如水泵、压缩机、通风机、运输机械以及一些金属切削机床上，有着广泛的应用。

三相线绕式异步电动机的启动和调速性能比鼠笼式优越，但其结构复杂、运行维护较困难，价格也较贵。一般只用于对启动转矩和启动电流有特殊要求，或者需要在一定范围内调速的情况，如起重机、卷扬机和电梯等。

（2）形式的选择

电动机外部防护形式有开启式、防护式、封闭式和防爆式等数种，应根据电动机工作环境的条件来进行选择。

开启式电动机内部空气与外界畅通、散热条件好、价格便宜，适用于干燥、清洁的工作环境；防护式电动机，有防滴式、防溅式和网罩式等数种，可防止水滴、铁屑等杂物落入电机内部，但不能防止潮气和灰尘侵入，适用于比较干燥、灰尘不多的环境；封闭式电动机有严密的罩盖，潮气、粉尘等不易侵入，但体积较大、散热差，价格较贵，适用于灰尘、湿气较多的环境。防爆式电动机外壳和接线端完全密封，能防止外部易燃、易爆气体侵入机内，但体积和重量更大、价格更贵，适用于如油库、化工企业、煤矿等有易燃、易爆气体的环境。

（3）功率的选择

电动机功率如果选得太小，就不能保证可靠地运行，甚至将因严重过载而烧坏，实际也不一定经济。如果选得太大，不但使设备的成本、体积和重量增加，而且由于电机处于轻载运行，它的效率和功率因素都较低，使运行费用也增加。在多数情况下，电机功率的选择以其发热条件，即发热接近其许可的温升，但不得超过为基础，计算所需的功率。初定功率后，再校验其过载能力和启动转矩是否满足生产机械要求。

实际上很多生产机械的负载是变动的，或短时的，或断续的等，要根据各种情况特点合理选择电动机的功率。

（4）转速的选择

应全面考虑电动机的工作情况、设备投资、占地面积和维护费用，以及系统动能储存量等因素，确定合适的传速比和电动机额定转速。

3. 三相异步电动机的使用

（1）使用前的检查

对新安装或久未运行的电动机，在通电使用前必须做下列检查工作。

① 查看电动机是否清洁，内部有无灰尘或脏物。可用不大于 2 个大气压的干燥压缩空气吹净各部分污物，用干抹布擦抹电机外壳。

② 拆除电动机出线端子上的所有外部接线，用兆欧表测量电动机各相绕组之间以及每相绕组与地（机壳）之间的绝缘电阻，看是否符合要求。如绝缘电阻较低，可对电动机进行烘干处理，然后再测量绝缘电阻，只有符合要求后才可通电使用。

③ 根据电动机铭牌标明的数据，检查电动机定子绕组的连接方式是否正确（Y 接法还是Δ接法），电源电压、频率是否合适。

④ 检查电动机轴承的润滑状态是否良好，润滑脂（油）是否有泄漏的痕迹；转动电动机转轴，看转动是否灵活，有无不正常的异声。

⑤ 检查电动机接地装置是否良好。

⑥ 检查电动机的启动设备是否完好，操作是否正常；电动机所带的负载是否良好。

（2）启动中的注意事项

① 通电试运行时，必须提醒在场人员，不应站在电动机和所拖动设备的两侧，以免旋转物切向飞出造成伤害事故。

② 接通电源前应做好切断电源的准备，以防接通电源后出现不正常的情况。如电动机不能启动、启动缓慢、出现异常声音时，应能立即切断电源。

③ 三相异步电动机采用全压启动时，启动次数不宜过于频繁，尤其是电动机功率较大时要随时注意电动机的温升情况。

（3）运行中的监视

① 电动机在运行时，要及时观察，当出现不正常现象时要及时切断电源，排除故障。

② 听电动机在运行时发出的声音是否正常。如果出现尖叫、沉闷、摩擦、撞击、振动等异音时，应立即停机检查。

③ 用手背探摸电动机周围的温度。如果电动机总体温度偏高，就要结合工作电流检查电动机的负载、装备和通风等情况进行相应处理。

④ 嗅电动机在运行中是否有焦味，如有，应立即停机检查。

（4）电动机维护

① 保持电动机清洁，特别是接线端和绕组表面清洁。不允许水滴、油污及杂物落到电动机上，更不能让杂物和水滴进入电动机内部。

② 要定期检查电动机的接线是否松动，接地是否良好；润滑油是否新鲜；轴承转动是否灵活。要定期清扫内部，更换润滑油等。

③ 不定期测量电动机的绝缘电阻，特别在电动机受潮时，如发现绝缘电阻过低，要及时进行干燥处理。

④ 要经常检查电动机三相电流是否平衡，如果超过要求，须查明原因及时排除。

【练一练】

电动机的认识与检测

实训流程：

（1）观察电动机的结构，将电动机的铭牌数据填入表 6-3 中。

表 6-3　　三相异步电动机的铭牌数据

型号		转速/r·min^{-1}		频率/Hz	
功率/kW		电压/V		电流/A	
绝缘等级		接法		工作制	

（2）检查电动机是否清洁，内部有无灰尘或脏物。将电动机吹擦干净。

（3）拆除电动机出线端子上的所有外部接线，用兆欧表测量电动机各相绕组之间以及每相绕组与地（机壳）之间的绝缘电阻，看是否符合要求。如绝缘电阻较低，可对电动机进行烘干处理，然后再测量绝缘电阻。

（4）用手拨动电动机的转子，检查电动机转动是否灵活。

（5）测量电源电压，根据电源电压和铭牌数据连接电动机绕组，接好外部接线，包括外壳接地线。

（6）根据图 6-29 连接线路，选择合适的交流电流表和交流电压表量程。

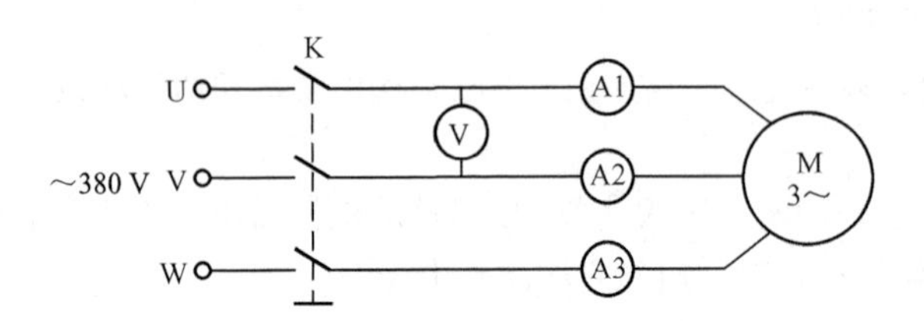

图 6-29　三相异步电动机实验电路图

（7）合上开关 K，将电动机直接启动时的启动电流填入表 6-4 中，并假定该转动方向为正转方向。

（8）待电动机转速稳定后，测量电动机空载运行时的转速和电流 I_U、I_V、I_W，填入表 6-4 中。

（9）断开开关 K，将电动机 3 根电源线中的任意两根线对调，然后合上开关 K，再次测量启动电流和空载电流，填入表 6-4 中，并观察电动机的转向是否与正转方向一致。

表 6-4　　三相异步电动机启动和空载运行的测试数据

电源线电压/V	电机转向	启动电流/A	空载转速/r·min^{-1}	空载电流/A		
				I_U	I_V	I_W
	正转					
	反转					

实训任务 6.3　三相异步电动机控制线路的分析与安装

电动机拖动生产机械运动的系统称为电力拖动。它通常由电动机和自动控制装置组成。自动控制装置一般包括控制电器、保护电器等组成的控制设备和传动机构两部分。它通过对电动机启动、制动的控制，对电动机转速调节的控制，对电动机转矩的控制以及对某些物理参量按一定规律变化的控制等，来实现对机械设备的自动化控制。这类控制电路具有结构简单、工作可靠、使用维护方便、经济实惠、易于实现生产过程自动化等特点，得到了广泛的应用。本任务重点介绍三相异步电动机启动运行控制，电动机转速调节的控制、制动的控制，只做简单介绍。

6.3.1　三相异步电动机直接启动正转控制线路

将电动机的定子绕组直接接入电源，在额定电压下启动的方式称为直接启动，或也叫全压启动。这种启动方式设备简单、操作方便、启动时间短，但启动电流大。

在当异步电动机刚接上电源，定子绕组已经通电，而转子尚未旋转的瞬间，定子旋转磁场对静止转子的相对速度最大，于是转子绕组的感应电动势和电流最大，定子的感应电流也最大，一般是额定值的 4～7 倍。由于启动过程一般很短，一旦转动后电机很快就会趋于正常，但频繁启动则会使热量积累而损坏电机，大功率电机的启动电流会在输出线路上造成较大的压降，影响同一线路其他设备的正常工作。因此，通常规定电源容量在 180 kVA 以上，电动机容量在 7 kW 以下的电动机才可采用直接启动。这里介绍几种简单的直接启动控制线路。

1. 手动正转控制线路

手动正转控制线路如图 6-30 所示。它是通过低压开关来控制电动机的启动和停止。在工厂中常用于控制三相电风扇和砂轮机等设备。

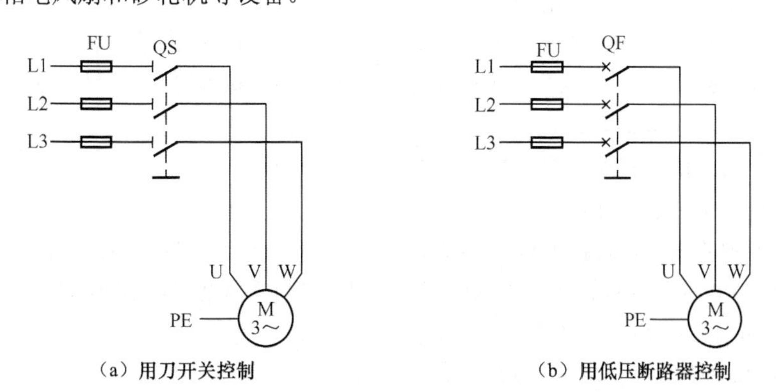

（a）用刀开关控制　　（b）用低压断路器控制

图 6-30　手动正转控制线路

图 6-30 中 QS（或 QF）为刀开关或者低压断路器之类的低压开关，起接通、断开电源作用；FU 为熔断器，作短路保护用；M 为三相异步电动机；L1、L2、L3 为三相电源。当合上开关 QS（或 QF）时，三相电源与电动机接通，电机开始旋转。当开关 QS（或 QF）断开时，电动机因断电而停止转动。

手动控制线路虽然简单，但启动和停止都不方便、不安全，也不能实现失压、欠压和过载保护。所以，此电路只适用于不频繁启动的小容量电动机。在实际中，常使用接触器控制线路。

2. 接触器控制线路

接触器控制线路一般可分为电源电路、主电路和辅助电路，如图 6-31、图 6-32、图 6-34、图

6-35 所示。

① 电源电路一般画成水平线，三相交流电源相序 L1、L2、L3 自上而下依次画出，中线 N 和保护地线 PE 依次画在相线之下。

② 主电路是指受电的动力装置及控制、保护电器的支路等。它是由主熔断器、接触器的主触头、热继电器的热元件以及电动机等组成。主电路通过的电流是电动机的工作电流，电流较大。

③ 辅助电路一般包括控制主电路工作状态的控制电路；显示主电路工作状态的指示电路；提供机床设备局部照明的照明电路等。它是由主令电器（按钮、位置开关等）的触头、接触器线圈及辅助触头、继电器线圈及触头、指示灯和照明灯等组成。辅助电路通过的电流较小，一般不超过 5 A。

（1）点动正转控制线路

图 6-31 所示为接触器控制的点动正转控制线路。所谓点动，就是指按下按钮，电动机得电运转；松开按钮，电动机失电停转。

该电路的电源电路有三相交流线 L1、L2、L3 及电源开关 QS；主电路由熔断器 FU1、接触器 KM 的 3 对主触头和电动机 M 组成。控制电路有熔断器 FU2、启动按钮 SB 以及接触器 KM 的线圈。接触器 KM 的 3 对主触头和线圈分别画在主电路和控制电路上，但在图形符号旁标注了相同的文字符号 KM，表示属于同一个电器，这种表示方法叫分开表示法。

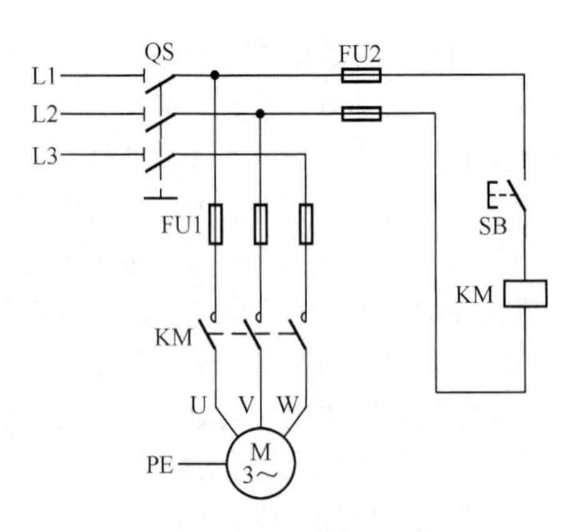

图 6-31 点动正转控制线路

其工作原理如下：首先合上电源开关 QS。

启动：按下 SB→KM 线圈得电→KM 主触头闭合→电动机 M 启动运转。

停止：松开 SB→KM 线圈失电→KM 主触头分断→电动机 M 失电停转。

停止使用时，断开电源开关 QS。

这种线路常用于快速移动和简单重起设备中。

（2）具有过载保护的连续正转控制线路

具有过载保护的连续正转控制线路如图 6-32 所示。与点动正转控制线路相比，在主电路中多串接了热继电器 FR 的热元件，控制电路中多串接了热继电器 FR 的常闭触头、停止按钮 SB2，在启动按钮 SB1 两端并接了接触器的一对常开辅助触头。

其工作原理如下：首先合上电源开关 QS。

启动：按下 SB1→KM 线圈得电→ KM 主触头闭合 / KM 常开辅助触头闭合自锁 → 电动机 M 启动连续运转

所谓自锁，就是当松开启动按钮后，接触器通过自身常开辅助触头闭合而使线圈保持得电作用。正是由于 KM 自锁触头的作用，在松开 SB1 时，电动机仍能继续运转，而不是点动运转。

停止：按下 SB2→KM 线圈失电→ KM 主触头分断 / KM 自锁触头分断取消自锁 → 电动机 M 失电停止运转

该线路具有的保护环节如下。

① 熔断器 FU 起短路保护作用。

② 热继电器 FR 起到过载保护作用。当电动机工作电流长时间超过热继电器的整定电流

时，串接在控制电路中的热继电器 FR 的常闭触头会自动断开，使 KM 线圈失电，起到保护作用。

③ 接触器电磁机构具有欠压和失压保护。当电源电压过低或失去电压时，接触器衔铁自行释放，电动机断电停转；当电压恢复正常时，如果不重新按下启动按钮，则电动机不能自行启动，这可防止重新通电后设备自行运转而发生意外事故。

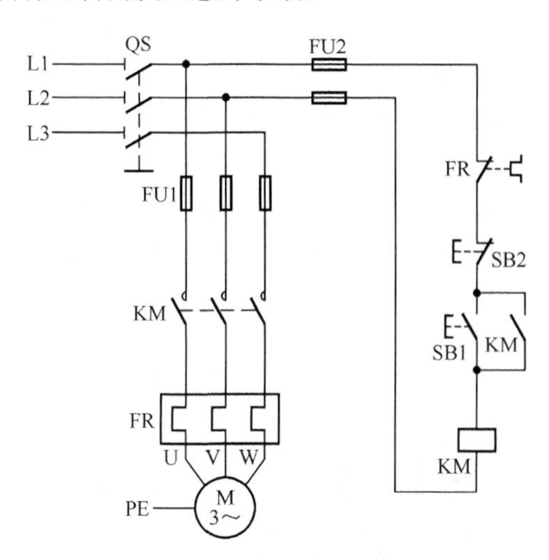

图 6-32 具有过载保护的连续运行控制线路

6.3.2 三相异步电动机直接启动正反转控制线路

在生产加工过程中，往往要求机械设备能够正、反两个方向运动。如机床工作台的前进与后退；万能铣床主轴的正转和反转，起重机的上升和下降等。这都要求电动机能够实现正、反转运动。由电动机原理可知，如果将接入电动机三相电源进线中的任意两相对调接线，就可以使电动机的转向改变。这里主要介绍倒顺开关和通过两个交流接触器主触头的不同接法，来对调三相进线中的两相，实现电动机的正反转。

1. 倒顺开关正反转控制线路

倒顺开关正反转控制线路如图 6-33 所示。其工作原理如下：

倒顺开关 QS 的手柄处于“停”位置，QS 的动、静触头不接触，电路不通，电动机不转；当手柄扳至“顺”位置时，QS 的动触头和左边的静触头相接触，电路按 L1−U、L2−V、L3−W 接通，输入电动机定子绕组的电源电压相序为 L1−L2−L3，电动机正转；当手柄扳至“倒”位置时，QS 的动触头和右边的静触头相接触，电路按 L1−W、L2−V、L3−U 接通，输入电动机定子绕组的电源电压相序为 L3−L2−L1，电动机反转。

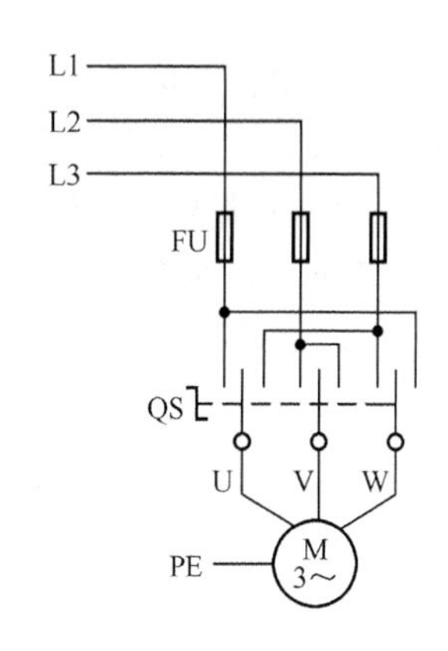

图 6-33 倒顺开关正反转控制线路

该线路使电动机改变转向时，须先将手柄扳至“停”位置，使电动机先停转。否则，电动机的定子绕组会因为电源突然反接而产生很大的反接电流，易使电动机定子绕组因过热而损坏。

倒顺开关正反转控制线路虽然简单，但它也是手动控制线路，频繁换向时，操作人员劳动强度大，操作不安全，这种线路常用于控制小容量电动机。在生产实践中更常用的是接触器联锁的正反转控制线路。

2. 接触器联锁的正反转控制线路

接触器联锁的正反转控制线路如图 6-34 所示。该线路采用两个接触器 KM1、KM2。当 KM1 主触头接通时，电路按 L1-U、L2-V、L3-W 接通，输入电动机定子绕组的电源电压相序为 L1-L2-L3；而当 KM2 主触头接通时，电路按 L1-W、L2-V、L3-U 接通，输入电动机定子绕组的电源电压相序为 L3-L2-L1。相应的控制线路有两条，一条是由按钮 SB1 和 KM1 线圈组成的正转控制线路，另一条是由按钮 SB2 和 KM2 线圈组成的反转控制线路。而在启动按钮 SB1 和 SB2 两端分别并接的接触器 KM1 和 KM2 的常开辅助触头就是自锁触头。

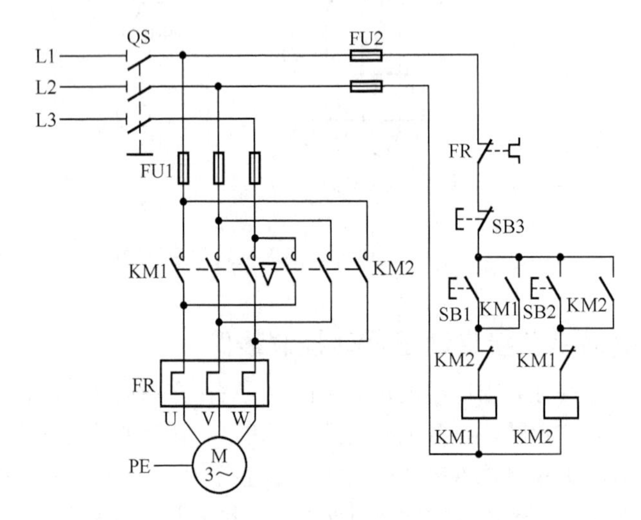

图 6-34 接触器联锁的正反转控制线路

由于接触器 KM1 和 KM2 的主触头不允许同时闭合，否则将造成两相（L1 和 L3 相）电源短路事故。为了使两接触器不能同时得电动作，在正、反转控制线路中分别串接了对方接触器的一对常闭辅助触头，这样，当一个接触器得电动作时，通过其常闭辅助触头断开另一个接触器的线圈支路，使另一个接触器不可能得电动作。接触器间这种相互制约的作用叫作接触器联锁（或互锁），而两对起联锁作用的触头叫作联锁触头。

线路的工作原理如下：先合上电源开关 QS。

① 正转控制。

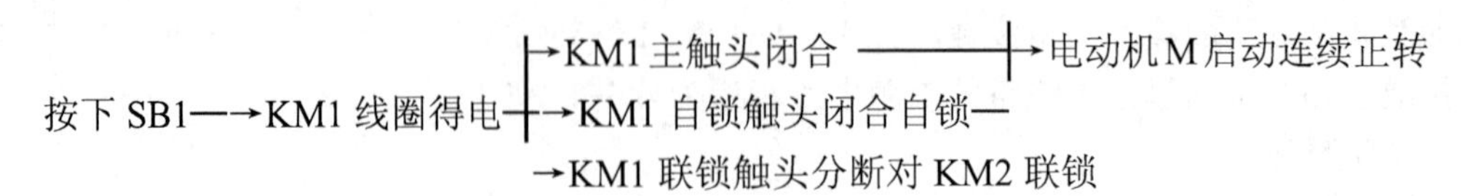

② 停止（电机正转时的停止过程，反转时的停止过程读者可自己分析）。

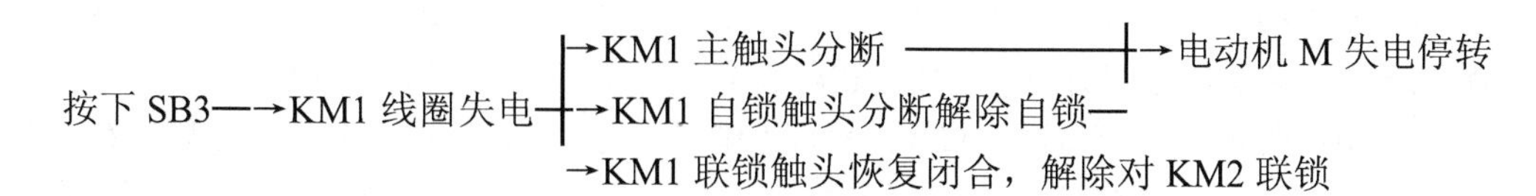

③ 反转控制。

按下 SB2→KM2 线圈得电→KM2 主触头闭合→电动机 M 启动连续反转；→KM2 自锁触头闭合自锁；→KM2 联锁触头分断对 KM1 联锁

使电动机反向转动。

图 6-35 所示为按钮、接触器双重联锁的正反转线路。所谓按钮联锁就是将正、反转启动按钮换成两个复合按钮，常开按钮作为启动按钮，而将常闭按钮作为互锁触头串接在另一条控制线路中。这样，要使电动机改变转向，只要直接按反转按钮就可以了，而不必先按停止按钮。同时，控制线路中保留了接触器的联锁作用，因此具有双重联锁的功能，其工作原理可根据上述方法由读者自行分析。

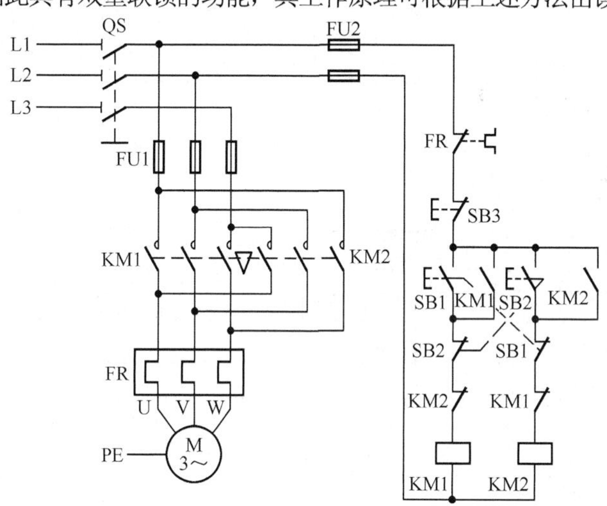

图 6-35 按钮、接触器双重联锁的正反转控制线路

按钮、接触器双重联锁的正反转线路操作方便、工作安全可靠，广泛应用于各种电力拖动自动控制系统中。

【练一练】

接触器联锁的正反转控制线路的安装与调试

实训元器件：三相异步电动机，交流接触器、热继电器、熔断器、按钮、空气开关等低压电器，导线，端子板等。

实训流程：

（1）检查所需要的元器件的质量，各项技术指标应符合规定要求，否则应予以更换。

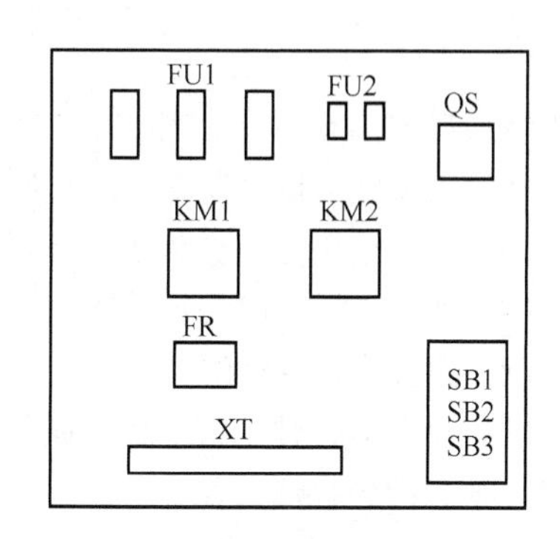

（a）布置图

图 6-36 接触器联锁的正反转控制线路

（2）根据图 6-34 所示，在控制板上安装所有的电器元件。元件排列要求合理、整齐、匀称、间距合理，元件紧固程度适当。元件安装可参考图 6-36（a）所示的布置图。

（3）根据图 6-34 所示，进行布线。要求“横平竖直，直角弯线，少用导线少交叉，多线并拢紧贴安装板一起走。”严禁损伤线芯和导线绝缘；接点牢靠，不松动，不压绝缘层，不露铜过长等。布线可参考图 6-36（b）所示的接线图。

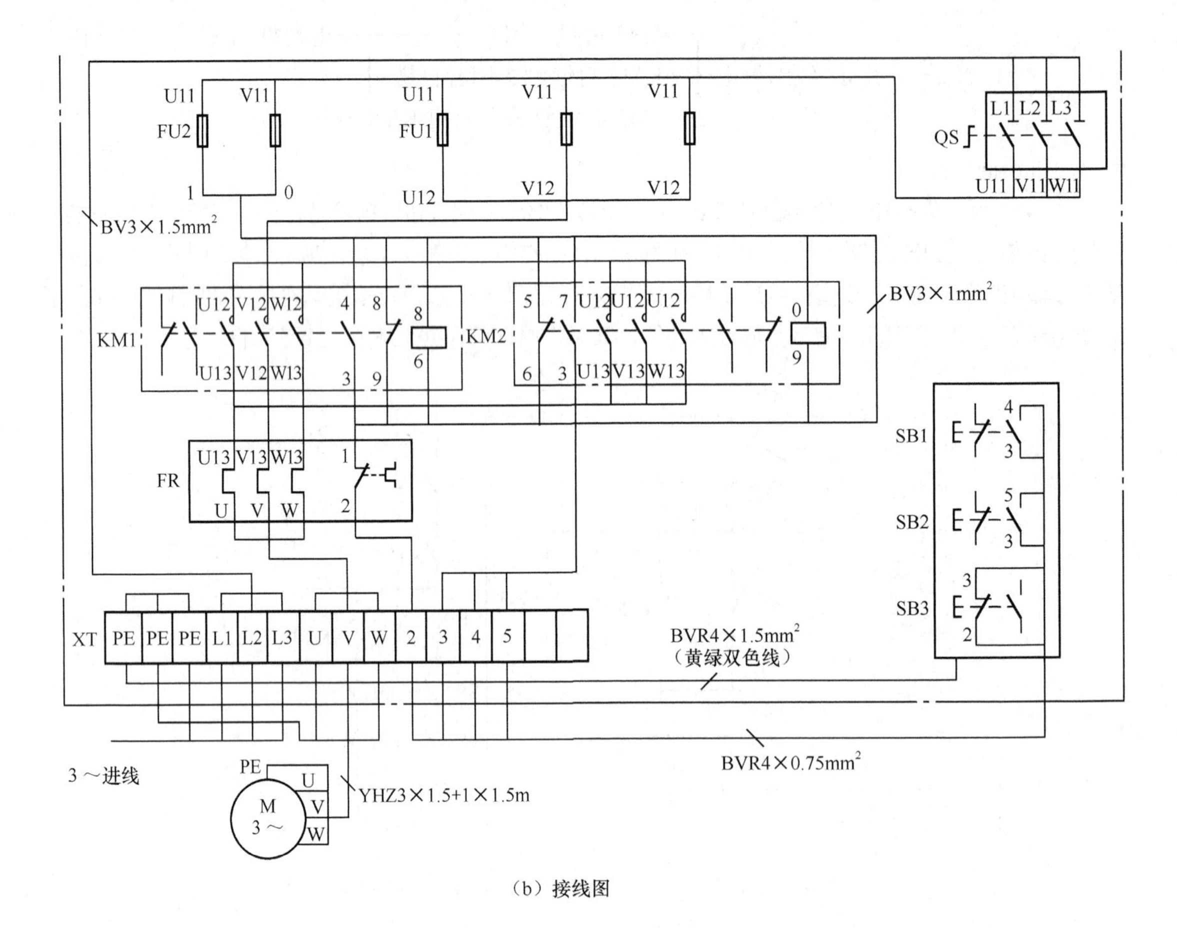

（b）接线图

图 6-36　接触器联锁的正反转控制线路（续）

（4）根据图 6-34 的线路图，检查控制板布线的正确性。

（5）安装电动机。要求安装牢固平稳。

（6）可靠连接电动机和按钮金属外壳的保护接地线。

（7）连接电源、电动机等控制板外部的导线。

（8）按要求认真地进行检查，并由指导教师检查通电运行。

（9）通电运行时，指导教师在现场进行监护。出现故障时，学生应独立进行检修。若需带电检修，须有指导教师在现场监护。

（10）通电试车完毕后，切断电源。先拆除三相电源线，再拆除电动机负载。

图 6-37 为接触器联锁的正反转控制线路实物参考图。

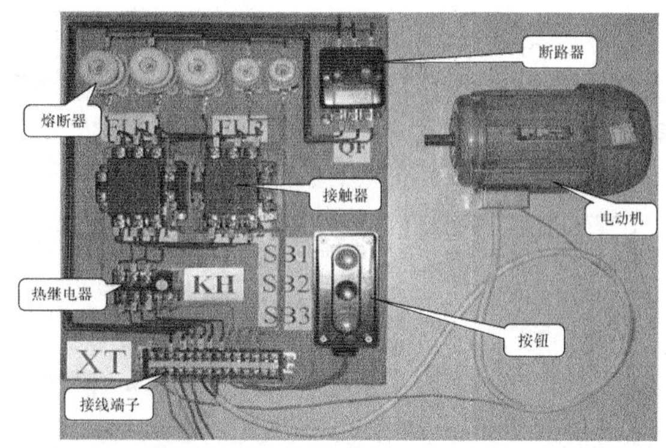

图 6-37 接触器联锁的正反转控制线路实物参考图

6.3.3 三相异步电动机降压启动控制线路

降压启动是指利用启动设备将电压适当降低后加到电动机的定子绕组上进行启动，待电动机转动达到一定转速后，再使其电压恢复到额定值正常运转。

降压启动的目的主要是为了限制启动电流，但在限制启动电流的同时，也降低了起动转矩。因此，降压启动一般只适用于在轻载或空载情况下启动的电动机。常见的降压启动方法有 4 种：定子绕组串接电阻降压启动、自耦变压器降压启动、Y-△降压启动、延边△降压启动。本书只介绍常用的 Y-△降压启动和自耦变压器降压启动。

1. *星形—三角形（Y-△）降压启动控制线路*

图 6-38 为时间继电器自动控制 Y-△降压启动的一种线路图。

该线路由 3 个接触器（KM、KMY、KM△）、一个热继电器（FR）、一个通电延时型时间继电器（KT）和按钮等组成。

时间继电器 KT 用于控制 Y 形降压启动时间和完成 Y-△自动切换。

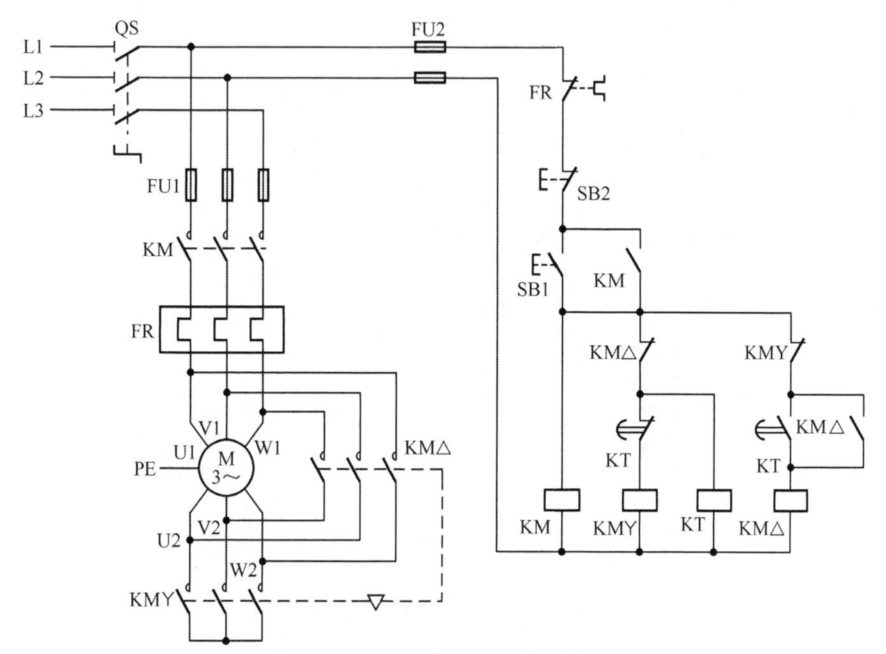

图 6-38 Y-△降压启动控制线路

线路工作原理如下：先合上电源开关 QS，Y 启动△运行。

停止：按下 SB2→控制电路断电→KM、KMY、KM△线圈失电→电动机 M 失电停转。

2. 自耦变压器降压启动控制线路

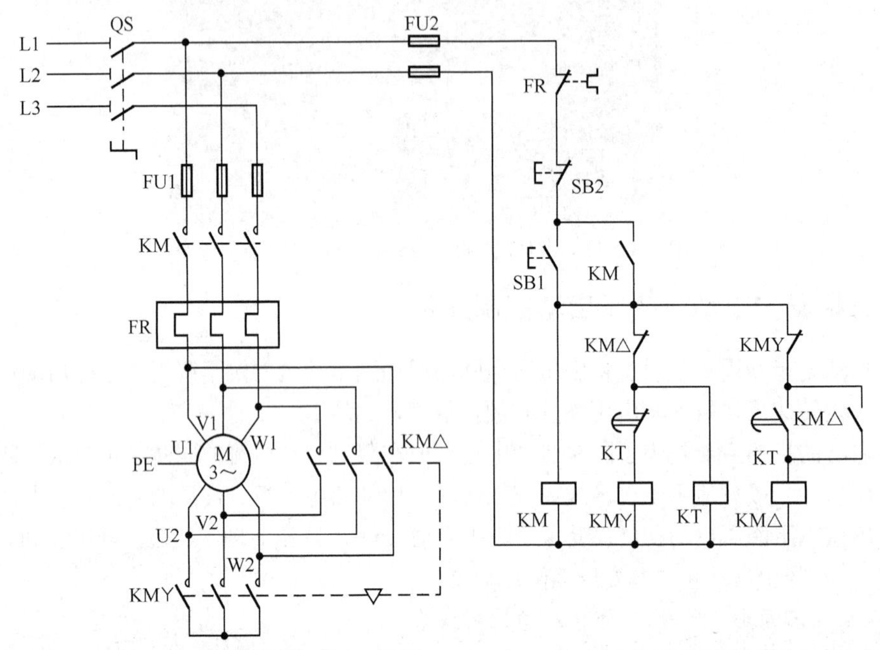

在自耦变压器降压启动的控制线路（见图 6-39）中，电动机启动电流的限制，是依靠自耦变压器的降压作用来实现的。电动机启动的时候，定子绕组得到的电压是自耦变压器的二次电压。一旦启动结束，自耦变压器便被切除，额定电压通过接触器主触头直接加于定子绕组，电动机进入全压运行的正常工作。

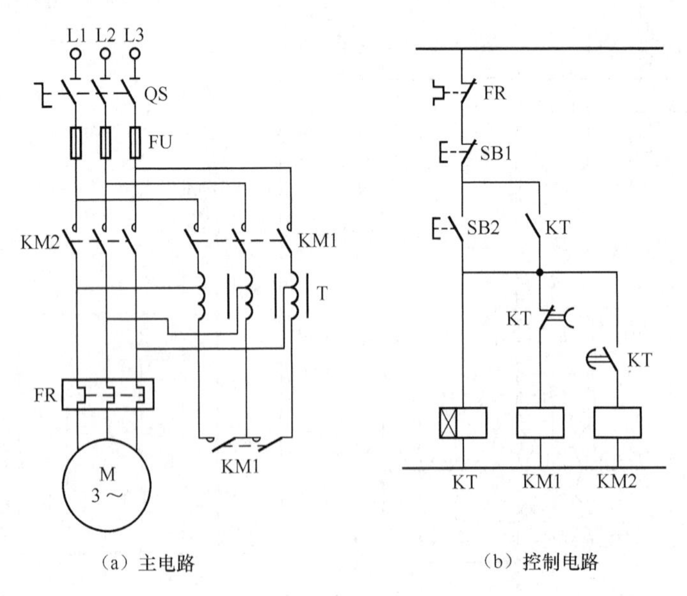

图 6-39 自耦变压器降压启动控制线路

【练一练】

时间继电器自动控制 Y-△降压启动控制线路的安装与调试

实训元器件：三相异步电动机，交流接触器、热继电器、时间继电器、熔断器、按钮、空气开关等低压电器，导线，端子板等。

实训流程：

（1）检查所需要的元器件的质量。

（2）根据图 6-38 所示，画出布置图。在控制板上按布置图安装电器元件。

（3）根据图 6-38 所示，进行布线。

（4）安装电动机。

（5）可靠连接电动机和按钮金属外壳的保护接地线。

（6）连接电源、电动机等控制板外部的导线。

（7）自检。

（8）检查无误后通电试车。

【实训注意事项】

（1）元件的安装及布线须根据要求进行，具体要求可参照实训 6-3。

（2）进行 Y-△启动时，必须将电动机的 6 个端子全部引出。

（3）接线时要保证电动机△形接法的正确性，即接触器 KM△主触头闭合时，应保证定子绕组 U1 与 W2、V1 与 U2、W1 与 V2 相连接。

（4）接触器 KMY 的进线必须从三相定子绕组的末端引入，若误将首端引入，则在 KMY 吸合时，会产生三相电源短路事故。

（5）电动机、时间继电器、不带电金属外壳、底板的接线端子板应可靠接地，严禁损伤线芯和导线绝缘。

（6）通电校验必须有指导教师在现场监督。

6.3.4 三相异步电动机的调速

调速就是在同一负载下能得到不同的转速，以满足生产过程的要求。

三相异步电动机的转子转速可由下式给出：

$$n=(1-s)n_0=(1-s)\frac{60f_1}{p}$$

式中，f_1 为电源频率；p 为磁极对数；s 为转差率。

可见，三相异步电动机可通过 3 个途径进行调速：改变电源频率 f_1，改变磁极对数 p，改变转差率 s。前两者是鼠笼式电动机的调速方法，后者是绕线式电动机的调速方法。

1. 变频调速

此方法可获得平滑且范围较大的调速效果，且具有较好的机械特性；但须有专门的变频调速装置，它主要由整流器和逆变器两大部分组成。整流器先将频率为 50 Hz 的三相交流电变为直流电，再由逆变器变换成频率可调、电压有效值也可调的三相交流电，以实现范围较宽的无级调速，但设备复杂，成本较高。随着电子器件成本的不断降低和可靠性的不断提高，这种调速方法的应用将越来越广泛。

2. 变级调速

改变磁极对数 p，可改变旋转磁场的转速，从而得到不同的转子转速。采用变级调速虽然整个设备相对简单方便，但它也需要较为复杂的转换开关，而且不能实现无级调速，它常用于需要有级调速的金属切割机床或其他生产机械上。

图 6-40 为通过改变定子绕组的接线来改变磁极对数的方法示意图。

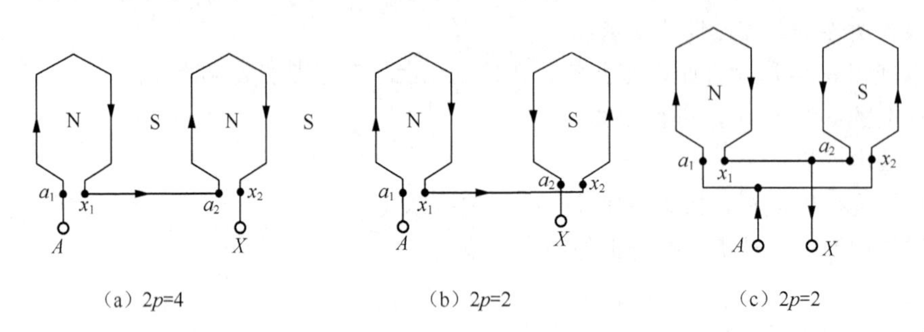

图 6-40 三相异步电动机变极前后定子绕组的接线图

如图 6-40（a）所示的两个线圈 a_1x_1、a_2x_2 串联，磁极对数 p=2。图 6-40（b）和图 6-40（c）将每相定子绕组分成两个“半相绕组”，改变它们之间的接法，使其中一个“半相绕组”中的电流反向，磁极对数就成倍改变，即 p=1。但要注意，对于三相异步电动机，为了确保变级前后转子的转向不变，变级的同时必须改变三相绕组的相序（如将 V、W 对调）。例如磁极对数由 p 变为 $2p$ 时，V 相绕组与 U 相的相位差变为 240°，W 相与 U 相差，相当于 120°，如果不改变电源相序，电动机将反转。

在确保定子、转子绕组磁极对数的同时改变以产生有效的电磁转矩，变级调速一般仅适用于鼠笼式异步电动机。

3. 改变转差率调速

在绕线式异步电动机的转子电路中，串接入一个调速电阻，改变电阻的大小，就可得到较平滑的调速。如增大调速电阻时，转差率 s 上升，从而转速 n 下降。这种调速方法设备简单、投资少；但变阻器增加了能量损耗，故常用于短时调速、效率要求不太高的场合，如起重设备。

以上可知，异步电动机的各种调速方法都不太理想，所以异步电动机常用于要求转速比较稳定或调速性能要求不高的场合。

6.3.5 三相异步电动机的制动

所谓制动，就是采用一定的方法使高速运转的电动机迅速停转。当电动机断开电源后，由于惯性的作用，生产机械需要转动一段时间后才会完全停下来，为了缩短辅助工时，提高生产效率和安全性，往往要求电动机能够迅速停转和反转，这就需要对电动机进行制动。制动的方法一般有机械制动和电力制动两大类。

1. 机械制动

机械制动是当电动机的定子绕组断电后，利用机械装置使电动机立即停转。机械制动常用的方法有：电磁抱闸制动器制动和电磁离合器制动。

图 6-41（a）和图 6-41（b）所示分别为电磁抱闸制动器结构示意图和工作原理示意图。电磁抱闸制动器有断电制动型和通电制动型两种。当制动电磁铁的线圈得电时，制动器的闸瓦与闸轮

分开，无制动作用；当线圈失电时，闸瓦紧紧抱住闸轮进行制动，这就是断电制动型工作原理。而通电制动型工作原理是线圈得电时，闸瓦紧紧抱住闸轮制动；当线圈失电时，闸瓦与闸轮分开，无制动作用。

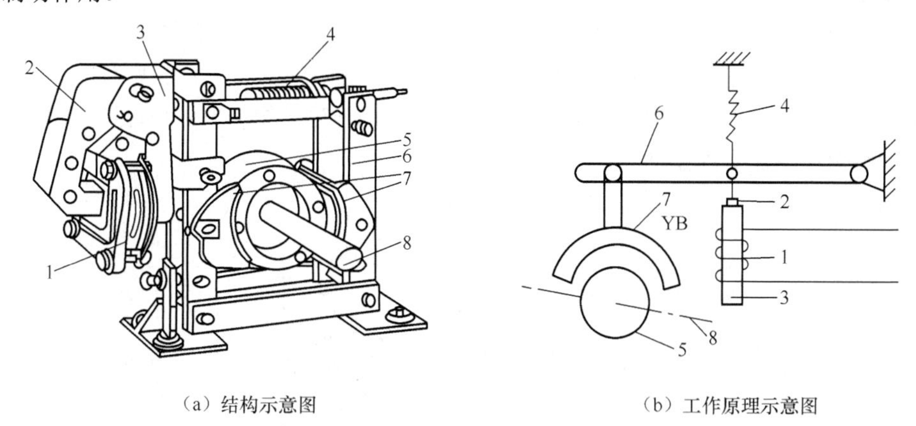

（a）结构示意图　　（b）工作原理示意图

图 6-41　电磁抱闸制动器

1—线圈；2—衔铁；3—铁芯；4—弹簧；5—闸轮；6—杠杆；7—闸瓦；8—轴

电磁离合器制动的原理和电磁抱闸制动器制动原理类似，这里不做详细介绍。

2. 电力制动

电力制动是指电动机在切断电源停转的过程中，产生一个和电动机实际旋转方向相反的电磁转矩（制动力矩），迫使电动机迅速停转的方法。电力制动常用的方法有反接制动、能耗制动、再生发电制动等。

（1）反接制动

反接制动的工作原理是改变异步电动机定子绕组中的三相电源相序，使定子绕组产生方向相反的旋转磁场，从而产生制动转矩，实现制动。

在停车时，把电动机反接，则其定子旋转磁场便反向旋转，在转子上产生的电磁转矩亦随之变为反向，成为制动转矩，如图 6-42 所示。

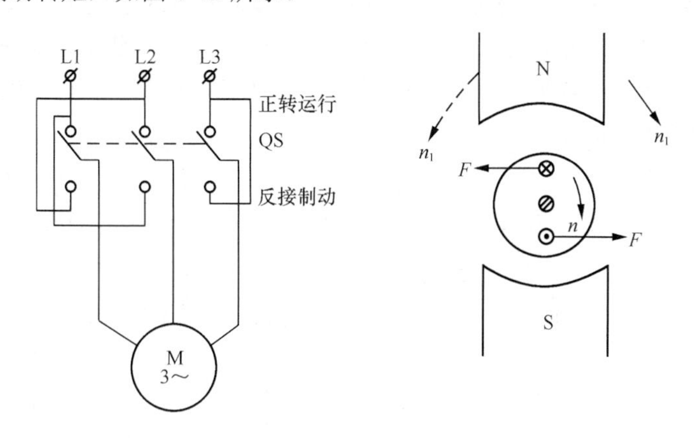

图 6-42　反接制动原理图

值得注意的是：在电动机转速接近零时应及时切断反相序的电源，以防止电动机反向启动。常使用速度继电器（又称反接制动继电器）来自动地及时切断电源。

这种方法比较简单，制动力强，效果较好，但制动过程中的冲击也强烈，易损坏传动器件，且能量消耗较大，频繁反接制动会使电机过热。有些中型车床和铣床的主轴的制动采用这种方法。

（2）能耗制动

电动机脱离三相电源的同时，给定子绕组的任意两相中通入直流电，如图 6-43 所示。这时在定子与转子之间形成固定的磁场，此时转子由于机械惯性继续旋转，根据右手定则和左手定则可确定出，此时转子内的感应电流与恒定磁场相互作用所产生的电磁转矩的方向与转子转动方向相反，是一个制动转矩，从而实现制动。

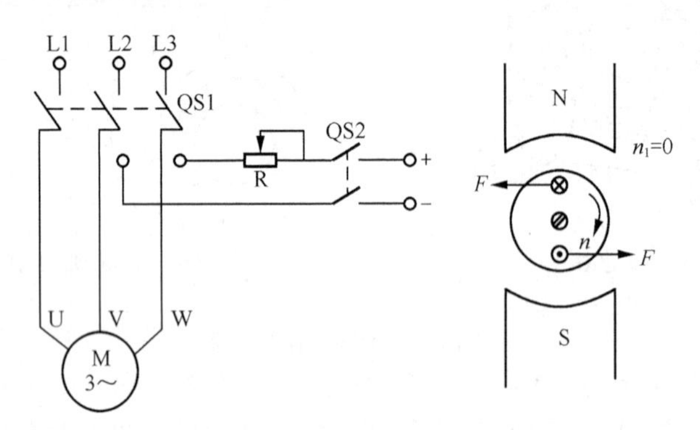

图 6-43　能耗制动原理图

直流电流的大小一般为电动机额定电流的 0.5～1 倍。

由于这种方法是用消耗转子的动能（转换为电能）来进行制动的，所以称为能耗制动。

这种制动能量消耗小，制动准确而平稳，无冲击，但需要直流电流，制动力较弱。一般用于要求制动准确、平稳的场合，如磨床、立式铣床等的控制线路中。

（3）再生发电制动（又称回馈制动）

再生发电制动主要用在起重机械和多速异步电动机上。以起重机械为例说明其制动原理。

当起重机在高处开始下放重物时，电动机转速 n 小于同步转速 n_0，这时电动机处于电动运行状态，其转子电流和电磁转矩的方向与电动运行时相同，如图 6-44（a）所示；但由于重力的作用，在重物下放过程中，电动机的转速会越来越大，当其转速 n 大于同步转速 n_0 时，转子相对于旋转磁场切割磁感线的运动方向发生了改变，电动机处于发电运行状态，如图 6-44（b）所示，其转子电流和电磁转矩的方向都与电动运行时相反，电磁转矩变成了制动力矩，限制了重物的下降速度，保证了设备和人身安全。

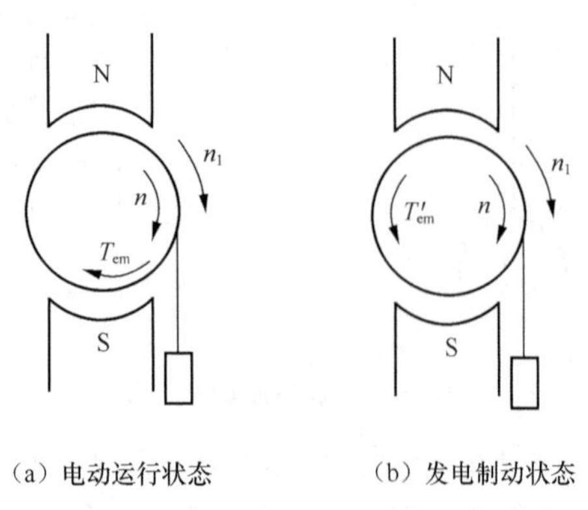

（a）电动运行状态　　（b）发电制动状态

图 6-44　再生发电制动原理图

思考与练习 6

1. 接触器、熔断器、倒顺开关和热继电器的图形符号及文字符号有哪些？

2. 简述电动机点动控制电路特点。

3. 什么叫“自锁”？自锁电路由什么部件组成？如果用接触器的常闭触点作为自锁触点，将会出现什么现象？

4. 画出具有双重联锁的异步电动机正反转控制电路。